花だより
2013

［文］
渡邉幸子・順
［絵］
渡邉 順

共同文化社

［私家版］

花だより 2013

まえがき

幸子が心臓病を病み、２回も手術しペースメーカーを埋め込みました。その前年の膝関節の人工膝の交換という大手術もあって、彼女は歩行困難となりました。それでも彼女はリハビリに励み社会復帰を願ってがんばっています。彼女の連れ合いとして50年余、金婚式を共に祝うことも出来なかった夫として、私には今いったい何ができるのでしょうか？

この画文集は以前から計画し少しずつ準備してきたものでしたが、すべてプラン通り文章を起こすことができないようになってしまいました。

少女時代を長女として父母・５人の弟妹と過ごした十勝豊似・石狩恵庭での開墾生活を回想する文章は、あのＪ・シュピーリの児童文学作品「アルプスの少女ハイジ」そのもの、そこには自然そのもののスケッチがあり、そこに秘めやかに咲く野草に向けられる視点は優しさ・暖かさと自然に対する敬愛に満ちているように思います。

その後に来る、もちろん自ら望むことではなかったことですが、国家権力・日米安保条約に基づく米軍・自衛隊とのあの苦難に満ちた「生業を守る闘い」（恵庭事件）を予想だにしなかった、ある意味では「良き時代」の幸子の感性を大事にして自分の息子・孫たちに伝えたい、そんな思いが彼女を看護しながら思う２０１２年の春～翌春の私の札幌滞在でした。

連れ合いの夫「順」は一年の中、11ヵ月はスリランカ共和国に次男と住んでおります。

生活を別にする二重生活はなかなか大変なものです。特に私どものような高齢者にとっては、年寄りが年寄りを介護する「老々介護」と言ってよいでしょう。そんな社会保障「介護保障の実態・問題点」も勉強させられた札幌滞在。

このまま、彼女の回想をこのまま中断させてよいものだろうか？この思いに悩まされました。彼女の病床で、私は「聞きとり」を始めました。足らざるを補い、可能な限り彼女の思い浮かべる「楽園の追想」を復元しようとしました。

これがこの私家版「花だより」の合作の所以です。

（じ）

CONTENTS

花だより

【花110種】

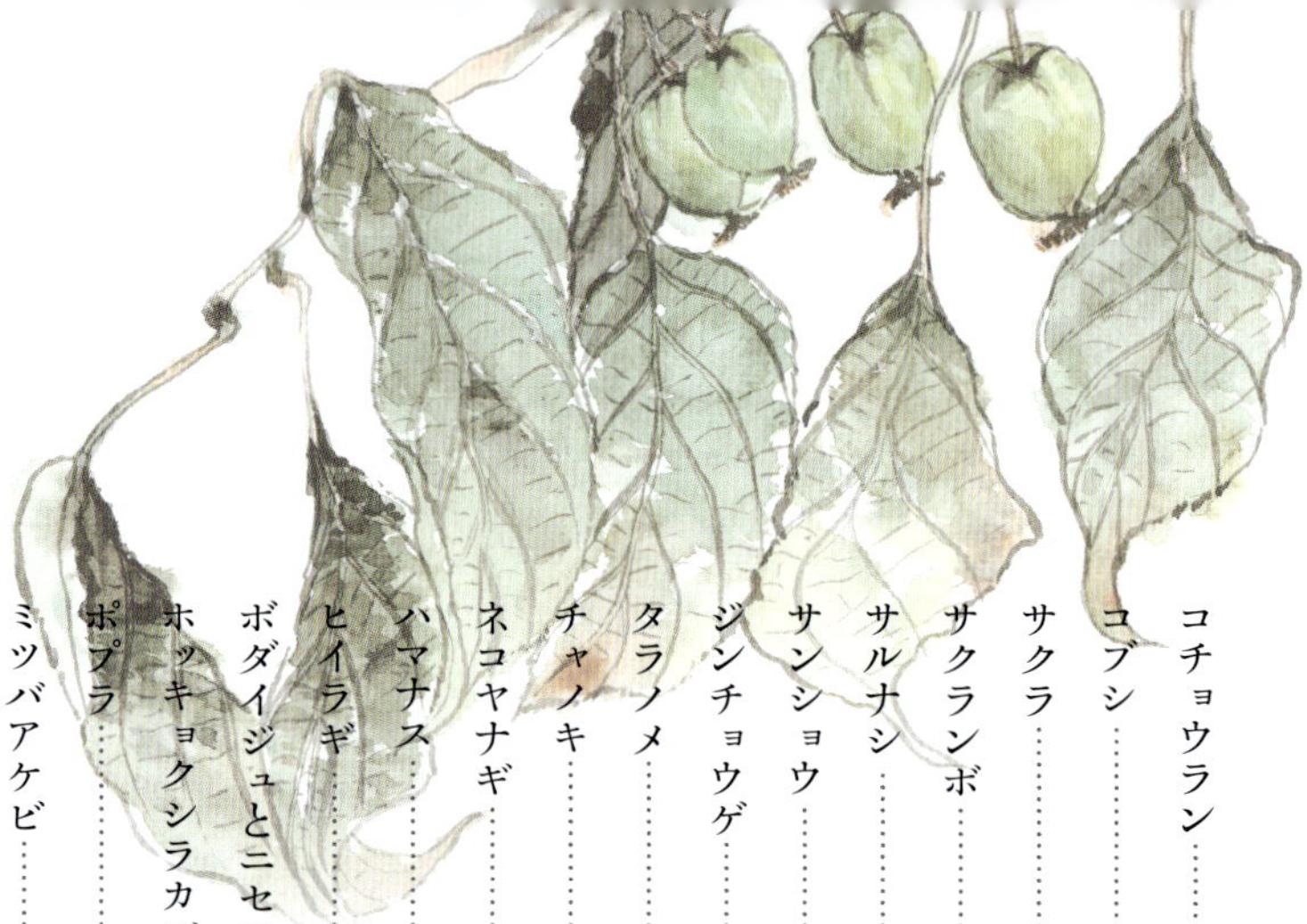

コラム19編…183

●

本文各欄末尾およびコラム欄末尾の（さ）、（じ）はそれぞれ幸子、順の執筆を示す。

また、挿入した絵あるいはキャプション囲み枠に記入されているものは作者（J）、画材と手法、制作年代、場所、原図の縮尺等を示す。（J）は作者のイニシャル。

春【花だより】29種

エンレイソウ（青墨＋水彩 '92.4.30）

アカツメクサ（ムラサキツメクサ）

6月の牧草畑はチモシーとアカツメクサ（赤詰草）でいっぱいだ。

お腹がすいた小学生は、どうしても道草をしてしまう。ピンク色の、愛らしい花びらは無残にもむしられて、甘い蜜の提供者になる。何に使うのか戦争中に陸軍は、小学生にこの花の種を集めさせた。おやつの花びらは楽しかったが、茶色にすがれたツメクサの頭はちっとも楽しいものではなかった。一定のノルマが課せられて、ノルマを満たせないときにはビンタが飛んだ。ビンタの心配がないだけでも平和はいい。

牧草畑は野兎の巣だ。みんな、ウマゴヤシ（ツメクサ）が大好き。大きな草刈機がトラクターの後ろで唸る。だんだん野兎たちの居住区が狭くなる。牧場の住人たちは、今夜のシチュウを思い浮かべてはりきる。最後の一筋を刈取り始めると、総員かかれ！の号令。たいていは、2羽か、3羽の獲物を手に入れることができた。

ウマゴヤシ（馬肥やし）の花を見るたびに想いだす。

（さ）

北大構内：
水彩＋鉛筆 '92.6.15

5cm
Asparagus officinalis
12/oct/2012

アスパラガス

遠い昔の話、私が高校に勤めていた頃を思い出す。アスパラガス畑の中を歩いていた。生徒の一人が「アスパラガスってどんなガス？」って聞いた。

みんな笑ったけれど、田舎（占冠シムカップ）から来た子どもには判らなかったのだろう。アスパラガスの畑の中で育っているのにそういうこともあるものだ。

（さ）

近所の市場で季節はずれのグリーンアスパラガスを見た。今は晩秋の10月。不思議に思い表示を見ると、なんとオーストラリア産もの。なるほど彼の国では初夏だからと納得したがいま一つ納得できぬのはアスパラの大生産地の北海道で一束三本で１０５円の萎びかけたアスパラをなぜ今食わなきゃならないのか？　輸入業者も業者だが道産子も不思議に思わず買う無神経さには驚く。私もその一人だろうが。絵を描き終えてから煮て食べたがひどく美味しくない。グリーンアスパラは北海道ものに限る。

話は変わるがアスパラの茎をよく観察すると実に面白い。退化した脇芽の配列にはフィボナッチの数列が発見されるからだ。

（じ）

（注）フィボナッチの数列は別名「悪魔の数列」とも。Ｌ・フィボナッチ（１１７０–１２５０）はイタリアのピサの出身。線形二階差分方程式という頭の痛くなるような高等数学を発見した数学者。その多芸多才ぶりからピサのＬ（レオナルド）と尊称された。彼の発見によるこの数列によって花や植物の葉形、葉の数など「自然界にこの数列のあらざるはなし」と喝破し、また「図形における黄金比」を理論化した人でもある。（拙著「旅は道連れ世は情け」に詳しく記述しておいたので参照されよ）。

イタドリ

ドングイ虫の入っている草。それは魚の餌になり釣り時に使う。秋の初めにこの枯れ茎を割ってドングイ虫を探し廻ったものだ。雑魚（ざっこ）がよく釣れる。第二次大戦中、葉はタバコの代用品とした。別名スカンポまたはスイバ（酸葉）という地方名もある。なぜか虎杖と書く。（さ）

北海道の白老町に虎《こ》杖《じょう》浜《はま》がある。荒地（植生の破壊された土地）に第一次に侵入する植物だから、そこもかつての名残かも知れない。（じ）

イタドリの若芽
You will never be lonely,
if nature is with you.
皆に嫌われる
イタドリでは
ありますが……
我家にて
12.5.9
じ

ウド（独活）

日溜まりの崖の上に大きな株を作る。

友達と崖の下を歩いていた時、崖の上にその大株を見つけた。彼女に採らせてあげよう思って「あそこにウドがたくさんあるよ、採っておいで！」

喜んで駆け上って行って……

「どこよ！　どこよ！」ウドの塊の上でそれらを踏みつけながら走り回る。

全部ウドを駄目にしてしまった。いまでも彼女に会う度になつかしく思い出し笑ってしまう。

（さ）

エゾエンゴサク

森の中のロブノール、春にだけ幻のように現れて、至るところに青くかぐわしい花の湖を作る。

早春の林床は、エゾエンゴサクの青と、ニリンソウの白い花の群れに覆われる。

春の子どものおやつの一つにこの花がある。甘い蜜を含んだ花をよく吸った。何故かケシの仲間と言うのに毒性がない。

まだしばれの残る早春。やっとコブシの花が咲き始める頃に、もう木々の間にエンゴサクのほのかな花の香りが流れる。みずみずしく柔らかな茎は、とても折れ易いので気をつけて手折る。白から微かに紅色を帯びたものまで様々なバリエーションがあってコップの花瓶は贅沢窮まり無い。

地下にビー玉位の球根があって、アイヌ民族は食用としたそうだが、まだ食べてみたことはない。

連れ合い殿の言うことには本州ではスミレを「太郎坊」、エンゴサクを「次郎坊」の兄弟に見立てる遊びがあり、女の子には次郎坊のほうに人気があったという。

「乳草取ンナ、ソレ取ンナ、母サノオ乳ガ出ナクナル、母サ無イモノ、死ンダモノ」（原文ママ）と二手に分かれ交

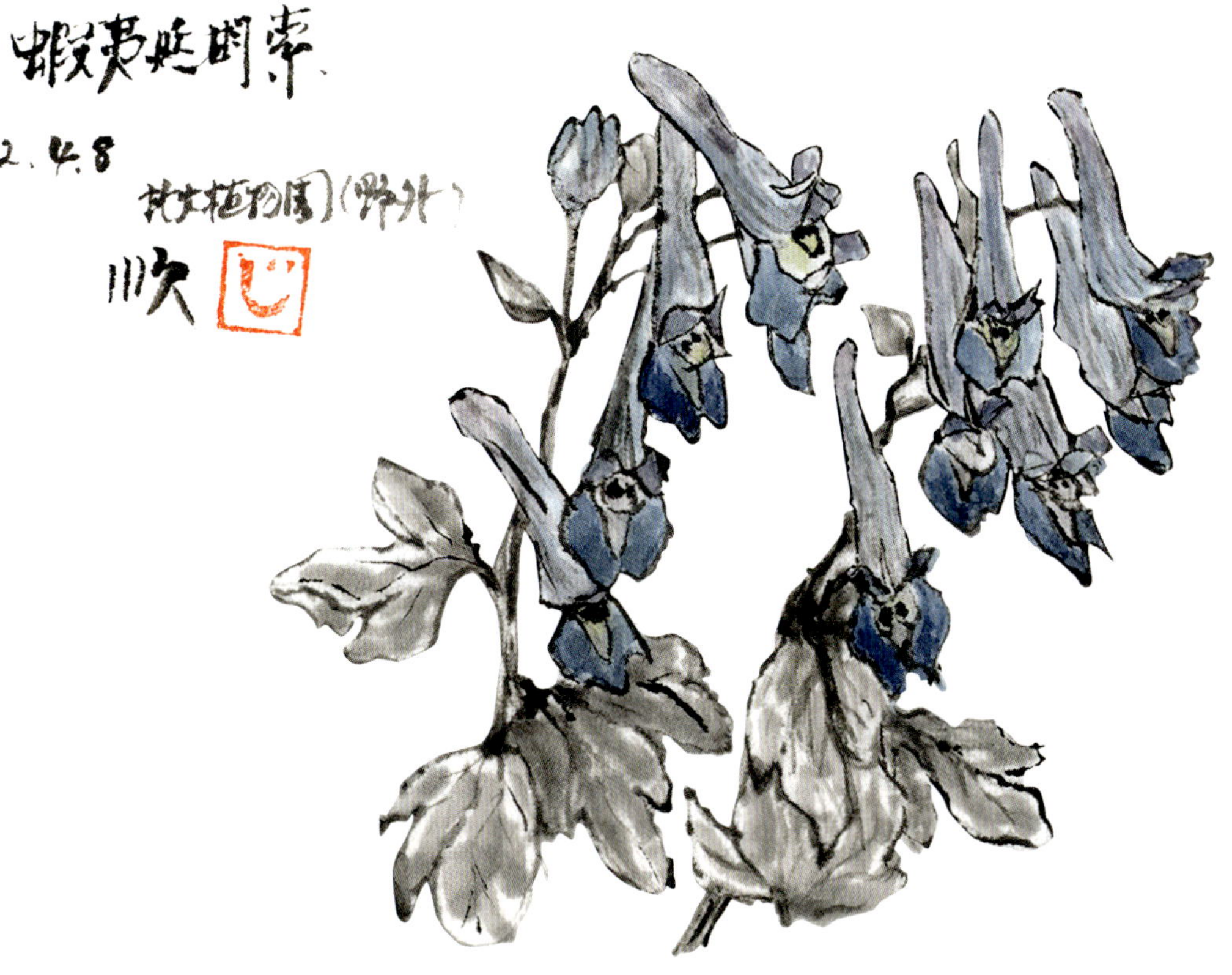

互に唄をかけ合い、唄のようになったら大変と少女たちは一生懸命に次郎坊を摘み、距と距を結びつけて花輪を作り、髪を飾ったり蜜を吸ったりした、そうだ。（さ）

花泥棒 許してたもれ 花の故《ゆゑ》
（理学部玄関より手折りしことを詫んで）
丁
理学部玄関の最後のつつじ
（花泥棒に研究室で描く）
7 July 92

エゾムラサキツツジ

この木の枝は佳い香りがする。かなり大きくなる。庭園などではそれを剪定して姿形の良い枝っぷりのものに仕上げた。

この絵は北海道大学の理学部前にあったもので昭和の初め頃に植樹されたものだそうでその一部の小枝を描いたもの。私たちが学生だった頃には3階建ての理学部の2階に届くほどの実に大きく見事なツツジの名木であった。

あれから60年、今でも元気に生き続けているのだろうか。

（さ）

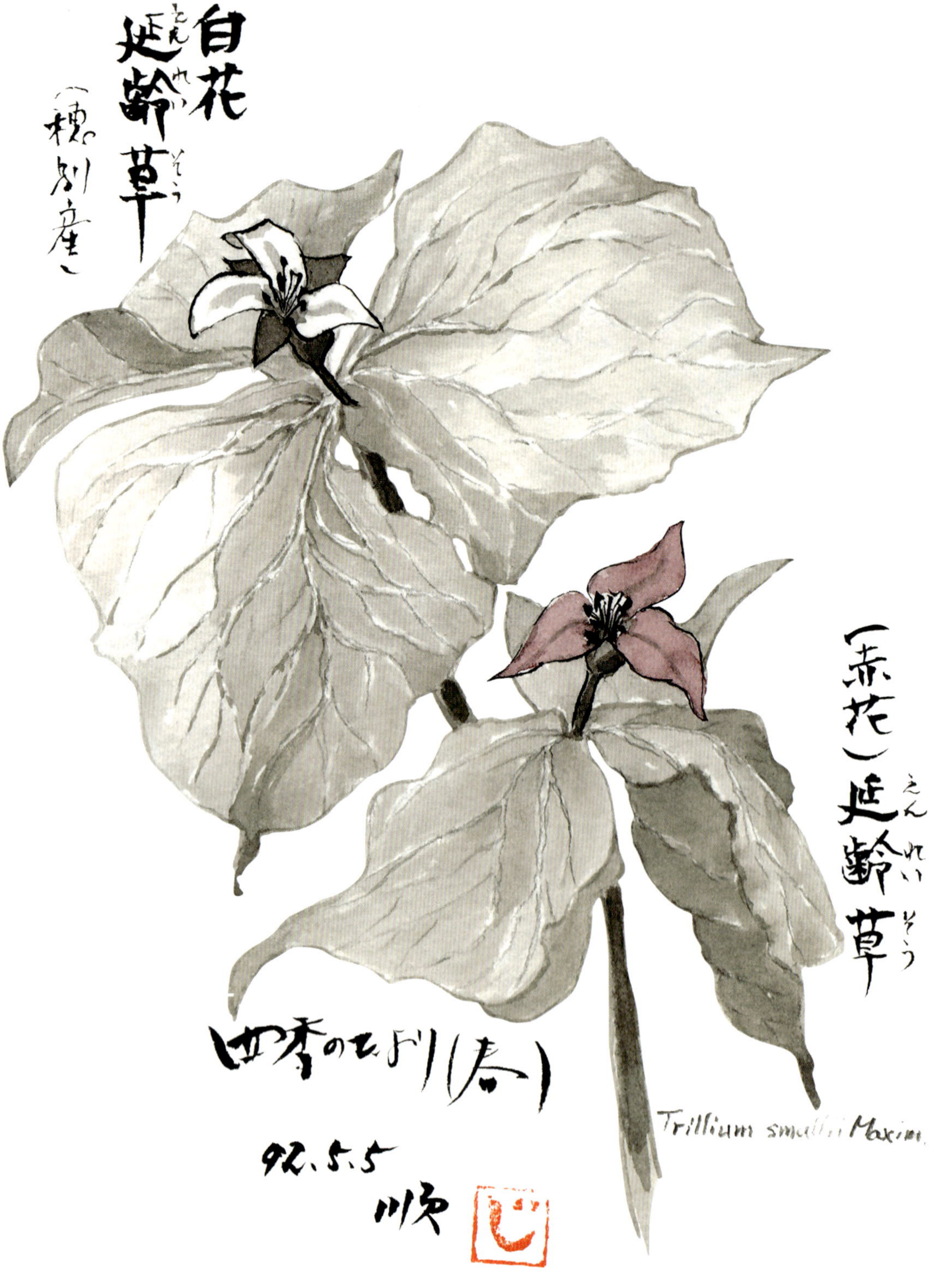
白花延《えん》齢《れい》草《そう》
(赤花)延《えん》齢《れい》草《そう》
四季のたより(春)
Trillium smallii Maxim.
92.5.5
順

エンレイソウ

豊似の農場裏の高台に放牧場があった。そこに放牧馬のための塩遣り桶が置かれ、馬がのんびり草を食んでいる。放牧場の草の茂みにはたくさんのエンレイソウが群生していた。私たちはよくそこで草花摘みをして時を過ごしていたものだ。白花と赤花（白花のほうが多い）とが入り混じってとても美しい花園だった。馬はとても賢い動物だから、エンレイソウを踏みつけることもなくたくみにそれを避けて草を食んでいた。

その植生を観察したことはないが鮫島淳一郎さんによると10数年目でやっと一人前の花を開くという（図）。

その様子を氏が北大で長らく研究したものをここで引用させていただく（北大理学部の植物学教室は伝統的にエンレイソウの生態や遺伝学的研究のメッカとして研究に専念していた。因みにエンレイソウは北大のシンボルマークとして採用されている）。

このことを考えるととてもじゃないが踏みつける訳にはいかない。馬は賢く、用心深い動物だから美しい花ならなんでも避けて通り過ぎ決して踏みつけることはしない。

そんなエンレイソウを踏みつけていることにも気付かず、私たち弟妹は野山を駆け巡り遊んでいた。その子ども時代、遠い遠い昔の話。

（さ）

オオバノ延齢草の個体発生

鮫島惇一郎による

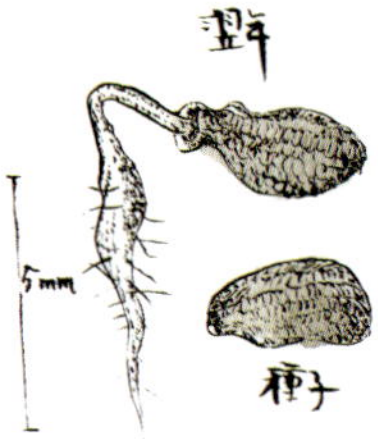

エンレイソウの種子と発根

7月の末、地上におちた種子は一冬越した春、1本の根が伸びる。しかし子葉の部分は種子の殻をかぶったまま。もう一冬越してやっと殻を脱ぎ捨てて、緑の葉があらわれる。

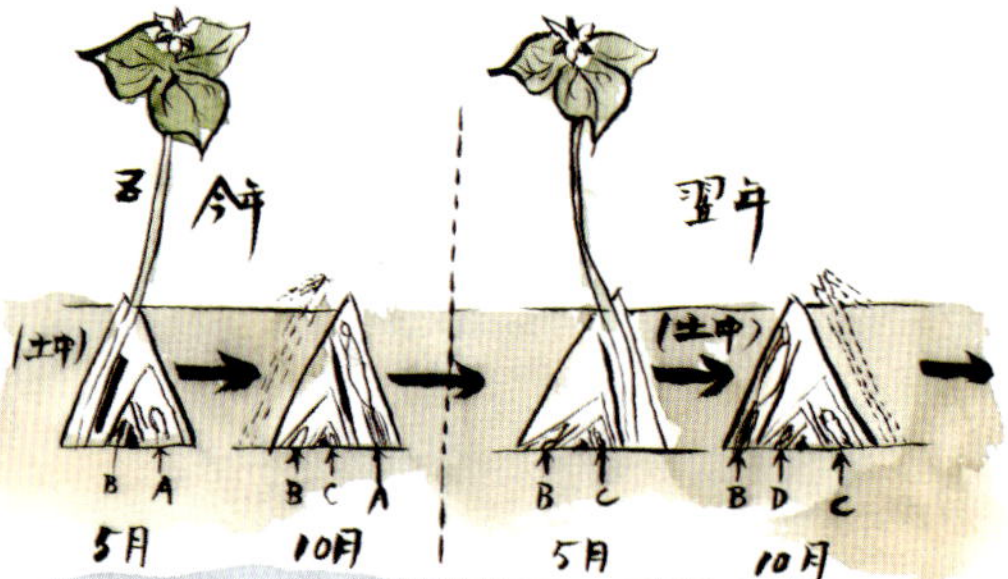

オオバナノエンレイソウの花芽の発達を示す模式図

Zが枯れるとAが、Aが枯れるとBという具合に「入れ子」のような発達する。
花粉は細胞の還元分裂(減数分裂)は、深い雪の中で行われる。

	7〜8月	種子 地上に
	(冬)	
翌年	春	細い小さなねだけ(葉はまだ)
翌翌年	春	はじめて小さな葉をのばす(たった1枚)
3年目	春	葉はやや大きめ 1枚
7〜8年目	春	3枚の葉が出揃うが花はまだつかない
10数年後の春		やっと1人前の花を開く

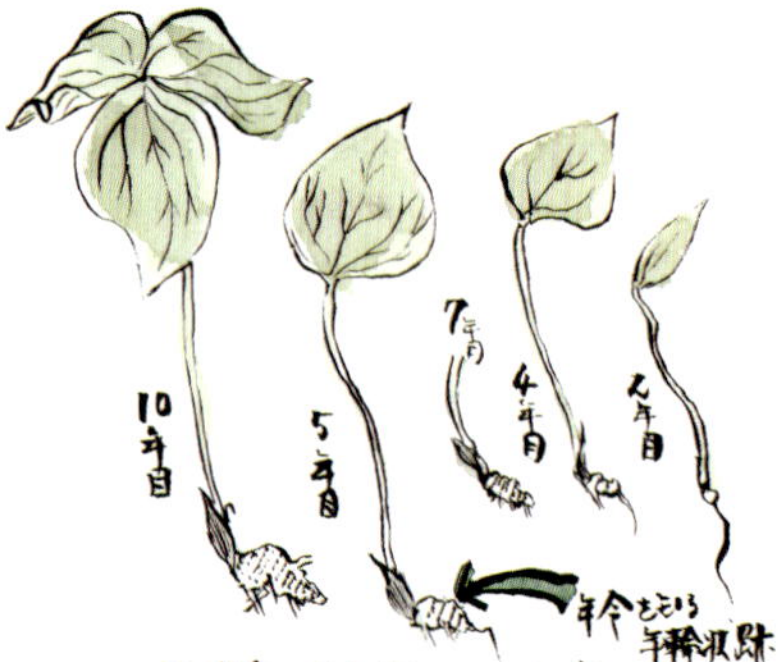

若い年令のオオバナノエンレイソウ

数字は満年令。若い年令では年輪を数えるような根茎に残る茎の跡で年令を知ることができる。

咲きかけの白花延齢草（穂別産）

92.5.5 順

オオサクラソウ

藪の中を好んで育つオオサクラソウ。ソメイヨシノなどの樹木のサクラに少し遅れて日本中の山野に咲く。花は五弁、切り込みがあり、一見するとサクラの花弁に似ているがこちらは高杯形で中心部は黄色。紫紅色の花を輪状に一～二段につける。

北海道のエゾオオサクラソウには花茎や葉柄に褐色の縮れ毛がある。（さ）

氷雪を割って芽生える野花は
とにかく美しい

習作 オオサクラソウ、蝦夷大桜草

'92.5.9
順

- 大桜草は4~8花を1~2段輪状につけ体はほとんど無毛，葉は7~9浅裂，円心形~じん心形，基部は心形
- 蝦夷大桜草は大桜草の変種，葉の下面の脈上，葉柄，花茎の下部にちぢれ毛が多いことにより母種と区別される

花冠(5裂)

がく(5裂)

エゾオオサクラソウ
(Primula jesoana var. pubescens)

92.4.6
北大植物園
順

エゾオオサクラソウ

92.5.9 順 じ

木も草も
さくらで満てり
北の地は

蝦夷の地は
草もさくらを
咲きにけり

蝦夷の地は
桜で満ちけり
木も草も

蝦夷の地は
草もサクラを
咲きにけり
（一茶をもじって）

エゾオオサクラソウ
北大植物園
92.4.6 順 じ

オニシバリ（ナニワズ）

夏の終わりに葉を落とすので「夏坊主」とも言うそうだ。前年の秋に葉をつけ越冬する。厳冬期を積雪の下で生き、翌春早々に雪を割って顔を出し、寒風の中で陽光を浴びる。そして黄色い萼片（花弁はない）をつけ夏に赤い実を結ぶ。

樹皮は強靭でなかなか切れず鬼をも縛ることができるというので「鬼縛り」の学名（*Daphne pseudo-mezereum*）をつけたらしいが鬼を縛ったこともない「学者先生」は勝手な命名をするものだと呆れてしまう。実際には農夫や樵夫《きこり》は農耕具や狩猟道具を縛るのに使用する貴重品だ。

道産子は親しみをこめて「ナニワズ」（*D. Kamchatica Maxim. var. jezoensis* Ohwi）と言う。ややこしいことに和学名はエゾオニシバリなそうだ。

それはともかく、実にたくましいわがナニワズよ！

（さ）

ナニワズ
(オニシバリ)
4 Apr. '93
早来町
じ
縮尺 実大

ナニワズ
オニシバリ
日高
92.4.19
順
じ

Erythronicum japonicum Decne
増毛産
'93 May 3
J

カタクリ

地面に押し付けられた去年の落葉を突き通して芽生えたとは、とても信じられないが、現に広がり始めた葉の根元には、パピルスのように広がった枯葉が付いている。やっと開いた2枚の葉の間には、かすかに色づいたつぼみが上を向いて、冷たい風に揺れている。

こんなに可憐な花の根元にカタクリ粉を作るでんぷん質の球根があるというので掘ってみたが、とてもエネルギーの消費が多くて採るどころではない。

やがて、ピンクの花の絨毯が林床を埋めると競りあうように春の花々が咲き始める。

花が咲く頃のカタクリは、おひたしにすると美味しいが、お通じが良くなりすぎるのが欠点だ。花を付けたままゆでると、ゆで汁が濃い青紫に変わるので、びっくりしてしまう。（さ）

片栗の餅をあきらめ
絵のみ書きく

霜やけで
痛んだ葉

キクザキイチゲ

カタクリの時期と同じ春一番の花。
白花と青花とがある。地方色らしく青花は函館山付近にあり、白花は北海道いたるところにある。

（さ）

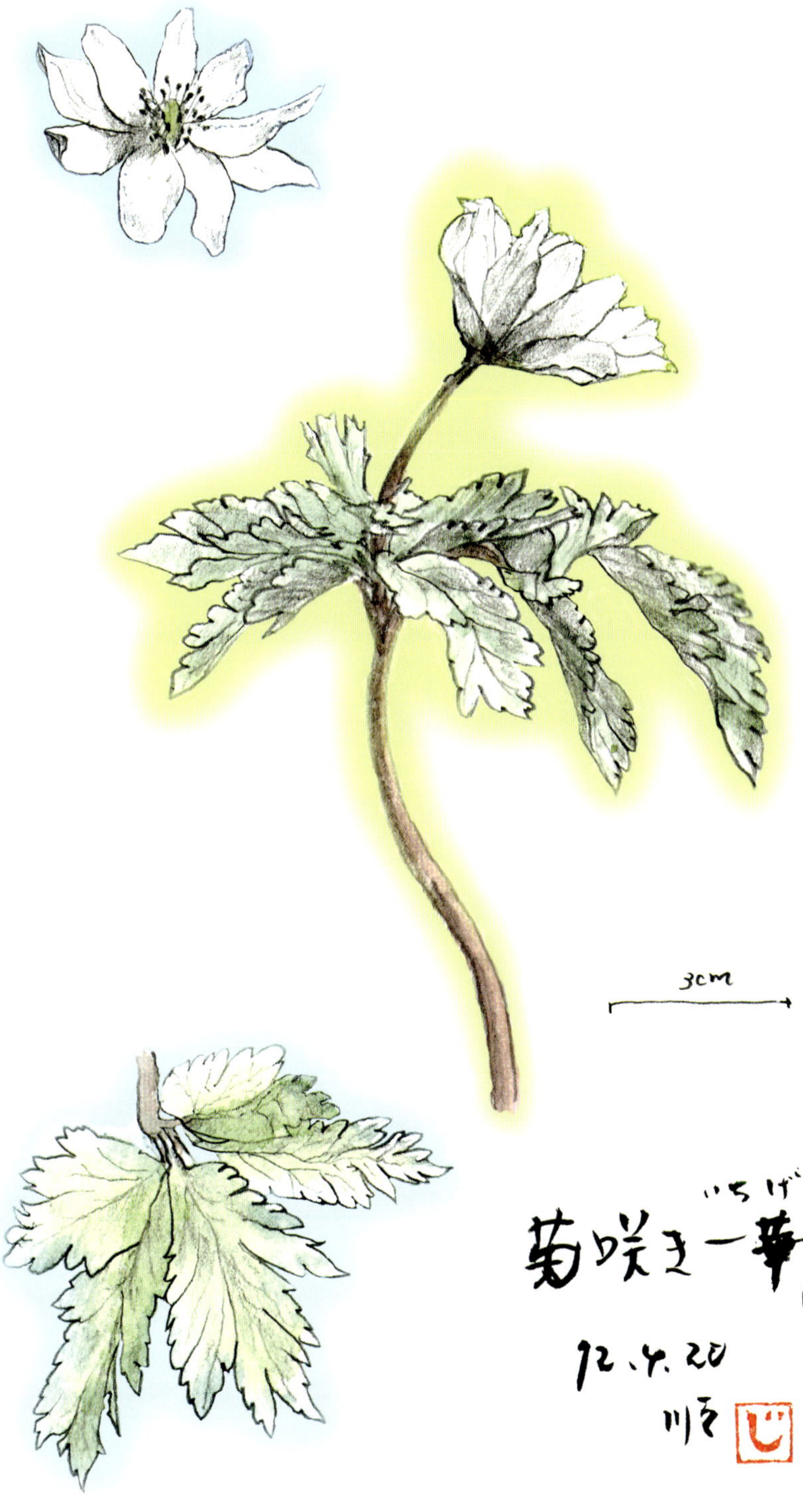

一面に咲く片栗と
菊咲き一華《いちげ》
97.4.16
順

キトピル（アイヌネギ）

きりっと巻いた堅い新芽が、凍った大地と圧雪に押し固められた落葉の層を突き破って飛び出してくる。春だ！　春だ！

日向や、木立の際の雪解けの早い所では、もう鈴蘭のような葉をひらひらそよがせている。春だ！

待ちかねて堅雪の山に入れば、日向や、木立の際は、もうおいでおいでをしているやさしいみどりのそよぎでいっぱい。

かじると、ピリリと辛い新芽は、ニンニク同様ビタミンたっぷりで、春野菜の中でこれほど美味しい物はない。しょうゆ漬け、味噌漬け、乾燥葉、などで保存も出来るし、なによりもジンギスカン鍋や、すきやき鍋、バター炒め、玉子とじ、おひたしなど多彩な料理ができる。

こんな素晴らしい野菜をアイヌ民族は持っていたのだ。

雪解けを追って、日高の山裾を辿れば駆け下りる小川の音と、透き通るような春の小鳥の歌を聴きながらキトピルを摘むメノコになった気分になる。

和学名はギョウジャニンニク、英学名は*Allium victorialis* L. var. *platyphyllum* Makino.　種小名は「勝利の」の意味、なぜ、誰に対しての「勝利なの？」

本州方面の方言では、ヤマピル、ウシピル、ウシピロなどと言うそうだが道産子はキトピルまたはキトピロ、アイヌネギなどと親しみをこめて言う。因みにアイヌ語では「クサ」とか「フサ」と言う。アイヌ民族の生活に密着した自然観があふれ出ていてとてもすばらしい。


（さ）

キバナノアマナ

北海道大学理学部の庭に春を告げる黄色の星。芝生の間から、そのときだけ存在を主張する。ヨーロッパの公園ではクロッカスの花が受け持つところを、慎ましく代行しているようだ。アマナというからには、美味しいに違いないのだが、あんなにも優しく慎ましく咲かれると、とても食べるどころではない。

雪解けの後、萌え出た草原ならどこにでもある。だがもっと早く、海岸沿いの林床に花見にいく。コシャクや、エンゴサク、ニリンソウなどと健気に群れ咲いているのが見られる。（さ）

キンポウゲ

お花を摘みましょう。

子どもの頃の思い出の雑草の一つ。毒があるので口に入ると大変、お母さんの気苦労がまた一つ増える。（さ）

毒もちて
花美しき
金鳳花《きんぽうげ》
花弁1枚脱落!
きんぽうげ
(吾家の庭)
Ranunculus japonicus Thunberg
一名「馬《うま》の脚形《あしがた》」とも云う
英俗総称名はバターカップと云う
花は直径1.5~2.0cm.花弁は5枚
黄金色,雌蕊群のまわりには多数の
雄蕊がらせん状に配列.
光沢を有す.光沢は色素の他,
花弁に含まれるでんぷん粒や表面の
クチクラに依るものだとの説あり
葉形は心臓形,5中裂,裂片には鋸歯《きょし》あり
高さ40~60cm,花は枝に10数個つく.
がく片は5枚,緑色 花弁は5枚.がく片の
上部には小さな鱗片があり,その下に蜜腺が
ある。
熟すると緑色の痩果《そうか》が金平糖のような
形に集合する.茎や葉柄には開出した毛が
ある.日本では北海道から沖縄まである.
14 June '92
J

クルマバソウ

春から初夏までの間どこにでも見ることができる。

食べたことはないが佳香を発し乾燥したものをドイツではビールやワインに浮かして飲む。これを五月ワインという。

要するにビールであれワインであれ、口に入るものは良いとするノンベエのお国柄が表れていて面白い。

結婚式の時のバージン・ロードに敷きつめて二人の門出を祝う習慣もあり、なかなか粋なことだと思う。（さ）

コゴミ

春先一番に日当りの好い水たまりに出てくる。

正式な植物名はクサソテツらしいが地方名はコゴミ、コゴメ、アオコゴメ、イチヤコゴメ、ホンコゴメ、トンビゼンマイなど様々あるようだ。ゼンマイ科のゼンマイとの区別は栄養葉の外形（二回羽状）によるが少し難しい。ゼンマイの名称は栄養葉の若葉の丸まった外形が時計の発条（ぜんまいばね）に似ていることによるらしいが、コゴミは日本語の「屈む」「屈める」によるらしい。

名はともあれコゴミ・ゼンマイ・ワラビそのどれもがおいしい春の贈り物だ。

（さ）

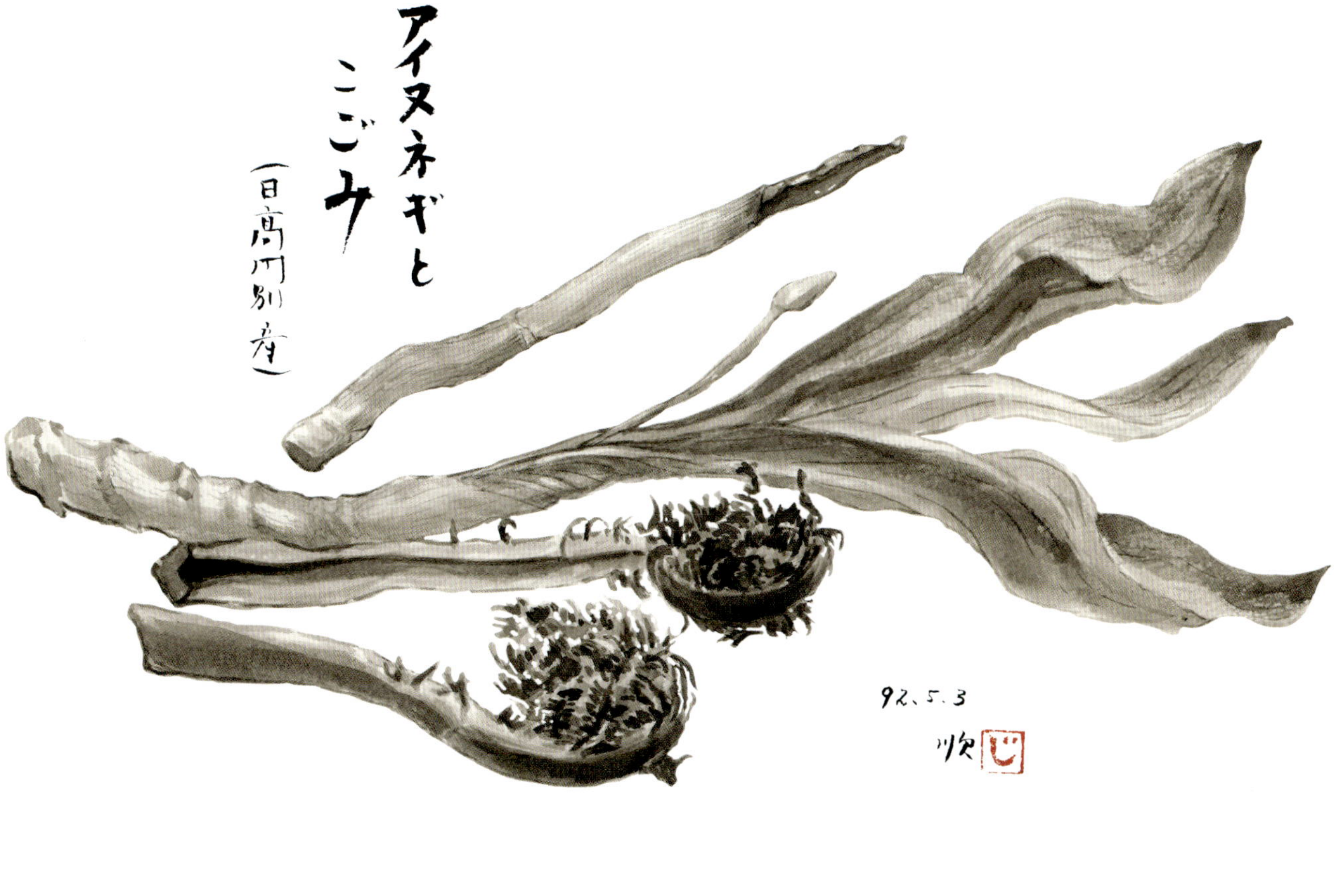

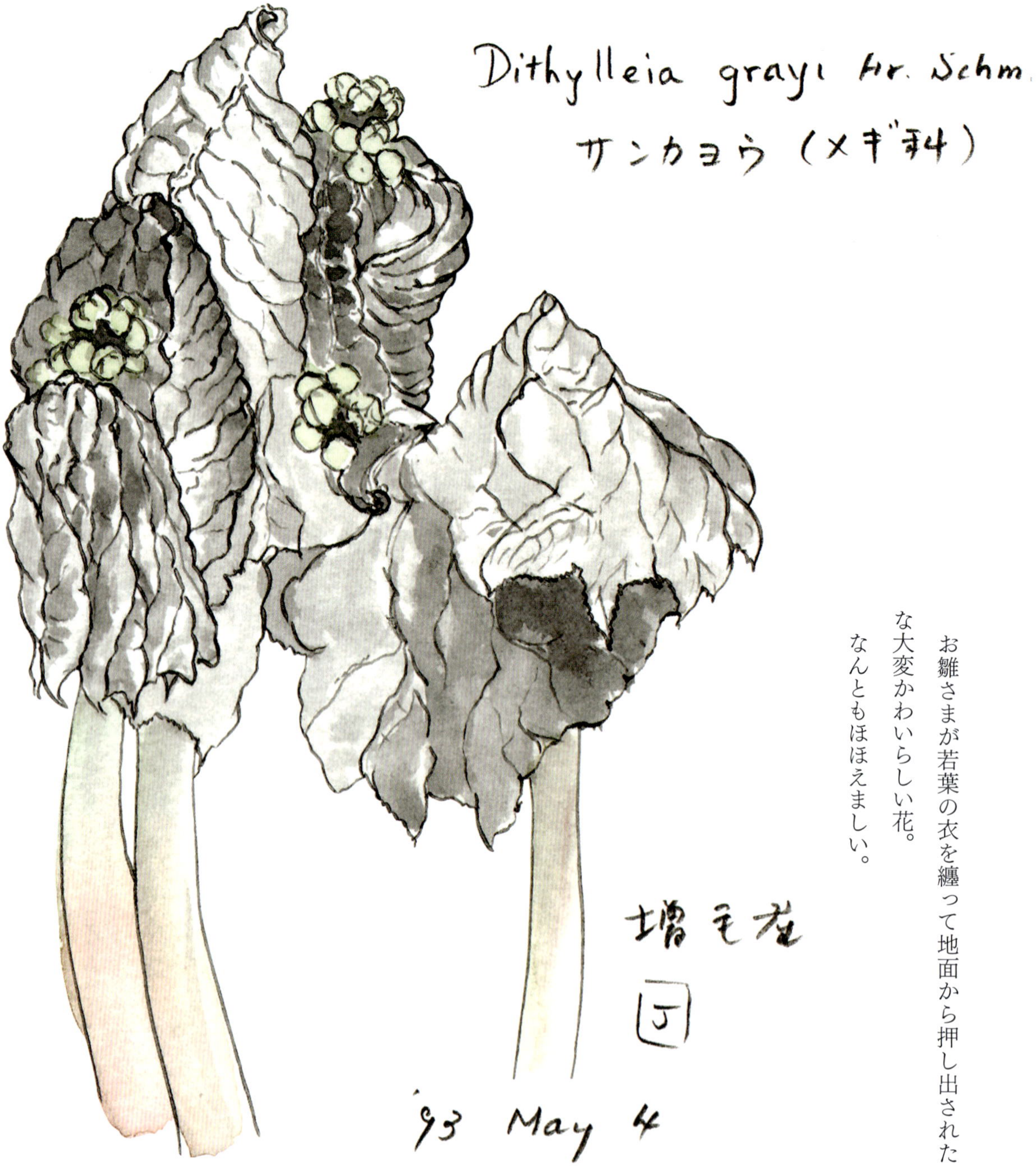

サンカヨウ

お雛さまが若葉の衣を纏って地面から押し出されたような大変かわいらしい花。
なんともほほえましい。
（さ）

シラネアオイ

早春、ちょっと日蔭の湿った場所に咲く美しい花。

この絵のシラネアオイは石狩郡月形町青山から採ってきたものを我が家に植え込んだもの。

同じ頃、一緒に同居してサンカヨウが咲く。　（さ）

シロツメクサ

シロツメクサの花冠は、小さい子どもの頃を思い出す。初めて、母さんに教えて貰って作った不揃いな花冠と、暖かな日差し。十勝平野の南の端にある、小さな村の小さな集落。そこからまた遠く離れた大草原の小さな家。友達は兄弟と母さんだけ、おもちゃは回りにある全ての物。

牛がいた。馬がいた。豚がいて、鶏がいてがちょうがいて、あひるがいた。羊がいて、兎がいて、犬がいて、猫がいた。牛舎の屋根裏にはふくろうがいて、飼料小屋を荒らす鼠を狙い、壁板の穴にはしじゅうがらにすずめ。土管の中にはいたちが覗き、屋敷林にはえぞりすが走り、空には鳶と隼が舞った。

そして春は美しい、ネコヤナギにコブシ、カタクリにフクベラ、ミズバショウにヤチブキ、タンポポにサクラ、赤と白のツメクサ、幸せを呼ぶ四つ葉。

母さんは四つ葉を捜し、押し葉の作り方を教える。女学生の様に透き通った声で四つ葉のクロバーを歌った。花冠を作りながらよく牧歌を歌った。自然のむしろに黄金の花散り……

オーバーオールにスカーフという若い牧場のおかみさんになった小樽市祝津の網元の娘。あんなに沢山の四つ葉を捜しても辛い事ばかりだった気の毒な私の母さん。

シロツメクサ見るたびに思い出す。

（さ）

北大構内：
水彩＋鉛筆 '92.6.15

ドイツすずらん
花は9ケ(10)
花冠の裂片は卵状三角形
先が鋭り外側にそりかえる
苞は膜質、披針形
雄蕊の葯は三角状広披針形
雌蕊の花柱は3~4mm
花粉は淡黄色 果実は球形の液果で6mm、
熟すと赤くなる、
Convallaria majalis L.
97.5.30
(自宅)

Convallaria Keiskei (ユリ科)
葉がアイヌネギに似ているのに
食用にならないことから
「犬、キツネのギョウジャニンニク」と
悪口された
枯れた花
(Herbaceous Garden)にて

スズラン（鈴蘭）

新千歳飛行場の拡張工事で懐かしい物を見た。もう久しく見ることのなかったスズランの群落だ。赤い実を付けて少し枯れかけた葉が、秋の始まりを告げてブルトーザーのすぐ側にあった。

花と結果

運転手を拝み倒して待っていて貰い、千歳の町までスコップを買いに走った。だが、折角助け出して知り合い仲間に植えて貰ったスズランは、豊かな土壌には不向きで、どこに植えたものも育たなかった。

スズランの生える土地には、作物は育たない。彼等の好む大地は、痩せた火山灰地。思えば、私たちの育った台地もその様な所だった。

大樹町豊似の牧場の春は実に様々な花が咲き、鹿や、熊の出没する人口の少ない所だった。人の背丈を越える秋田蕗が茂る湿地帯には、丘陵より一月ほど遅れて、一際大きな花を咲かせるスズランが生えた。

恵庭の牧場では、やせ土壌にスズランの大群落が生い茂っていた。札幌祭りには、毎年山の中で一日を過ごした。朝の搾乳が済むと、家中の戸締りをする。犬達に留守番をして貰ってみんなで出かける。荷馬車には牛乳缶とバケツ、ピクニックのご馳走。山にいますという貼紙を出してスズラン狩りを楽しんだ。抱えきれないほどの花束を持って笑っている少女の私の写真を見て、絶滅してしまった花も、流れ去った時も信じ難い思いである。（さ）

タンポポ

　どこでもみられるタンポポだが昔から日本にあった日本産タンポポ（エゾ・カントウ・トウカイ・カンサイタンポポや西日本の白花種などの*Taraxacum*科のもの）はまったく姿が消えてしまった。セイヨウタンポポによって駆逐されてしまったのだ。私どもの北海道のエゾタンポポ*Taraxacum hondoense* も例外でない。私たちが住み始めた40年前札幌南区にはいたるところに咲いていたものだが今はもう見かけず完全に絶滅してしまったらしい。道産子の私は特別に残念に思う。

　そもそもセイヨウタンポポ *Tarax-acum officinale*は明治時代に函館で西洋人によって西洋から輸入され野菜として栽培されたものが発祥でそれが野生化したものだと言われている。タンポポは今ではあまり野菜として食べる人はいない。春の風物詩を彩るものであることは確かだが絶

滅種あるいは絶滅危機種として心配する人もいない。

政治・社会・経済分野での日本人の気質は国外の諸外国にはあまりにも弱腰だが、タンポポの分野でもそうなのであろうか？

一抹の寂しさを禁じえない。（さ）

タンポポモドキ（ブタナ）

ヨーロッパ原産。私たちが北ノ沢に住み着いた頃には、そこの奥地にもともと日本原産のタンポポがたくさんあったが今では全く見かけない。消滅してしまった。

そのかわり西洋タンポポやタンポポモドキが急速に繁茂してきた。

タンポポモドキ（キク科）
別名 ブタナ
Hypochoeris radicata Linn.
ヨーロッパ原産の渡来植物、荒地を好む
花がタンポポの酷似、
花柄、枝わかれ、葉には
密生毛あり
フランスの俗名「ブタの
サラダ」から別名をブタナ
とも云う
28th June '92
T
鉛筆(HB)+水彩(不透明)+Fixative

フランスではサラダ菜として使い「豚のサラダ菜」と俗に言うそうだが、食べてみると本当においしくない。おなじタンポポの仲間（キク科）でも、日本在来種のタンポポや西洋渡来の西洋タンポポのほうがモドキよりはおいしい。（さ）

テッセン（鉄線）

誰が付けた名なのかテッセン（鉄線）だという、なんと無粋な！　こんな優しい花にはもう少しそれなりの心遣いを施してほしい。それがあるかあらぬか、このテッセンの「蔓の強さ」を強調するためだろう、コンクリート・ブロック1個をつるしその強度を説明した本を見たことがある。何ということだろう。もっと優しい心を持って花を見れないものだろうか？と感じたことがある。

確かに他に蔓を絡ませ、強風雨に耐えるその風情は嫋々とした春の細雨に打たれる趣とは程遠いのは確かだろうが。紫色の花は花ではなく花弁状の萼片6枚だという。葉の付け根から延びた長い花柄には一対の苞がある。付けられた名前が悪いと姿形まで歪んでしまうのか、可憐な花よ！

（じ）

ヒメオドリコソウ

乾燥したオドリコソウの葉はお茶になる。人によっては好きずきだが味はマアマアだ。葉の強い香りも同様だ。

ヒメ（姫）というだけあってオドリコソウに比べてヤヤ小振りだが、唇形花は段々に輪生する様を模したもので、外向きに並んだ踊り子のダンスをする動きにも似て面白い。花色は紫紅色だが本州では白もある。（さ）

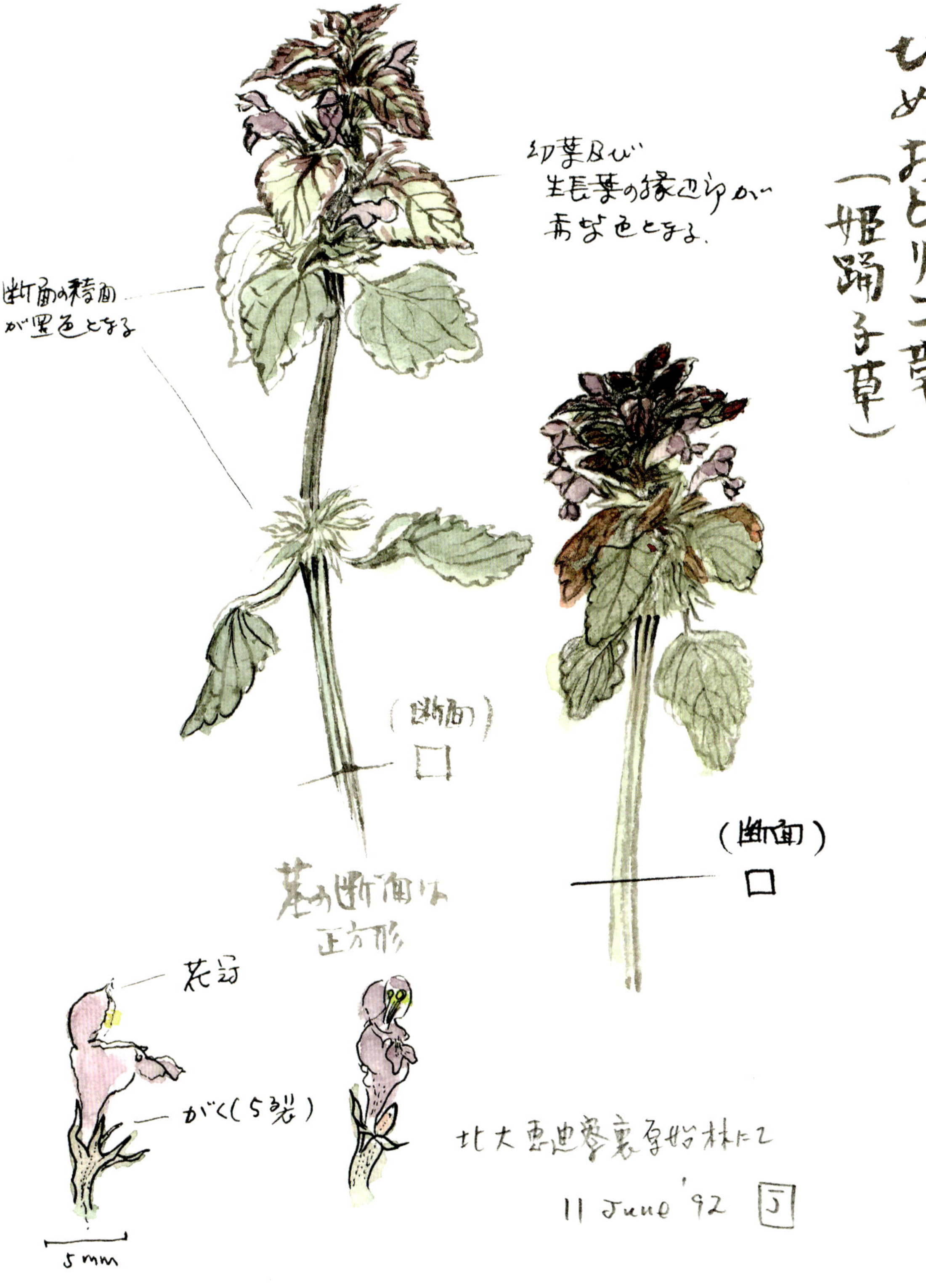
ひめおどりこ草（姫踊子草）
幼葉及び生長葉の縁辺部が赤紫色となる。
断面の稜面が黒色となる
（断面）
（断面）
茎の断面は正方形
花冠
がく（5裂）
5mm
北大恵迪寮裏原始林にて
11 June '92
J

フキノトウ

冬至が過ぎてほんの少し日が長く感じられるようになると、もう雪解けを期待する心は一杯になる。大寒であろうと、窓ガラスに氷の花が咲こうと、心は雪解けの川辺に元気に芽吹くフキノトウの柔らかな淡い緑から離れられないのだ。

　3月になれば、日溜りのどこかには小さなフキノトウを見ることができる。峻烈な春の香りと、苦味を持つ味噌汁を、毎年作れるかと心待ちにするのである。

　一色かと思っていた花の色は、よく見ると白から淡い黄色までさまざまで、花の形も、結構違う。花も面白いが、長く伸びた茎の上に綿毛付きの種子を作ってそれが風に吹かれて飛んでいく様子が面白い。6月の初め、みずみずしく伸びた葉柄を様々な料理の材料にする。（さ）

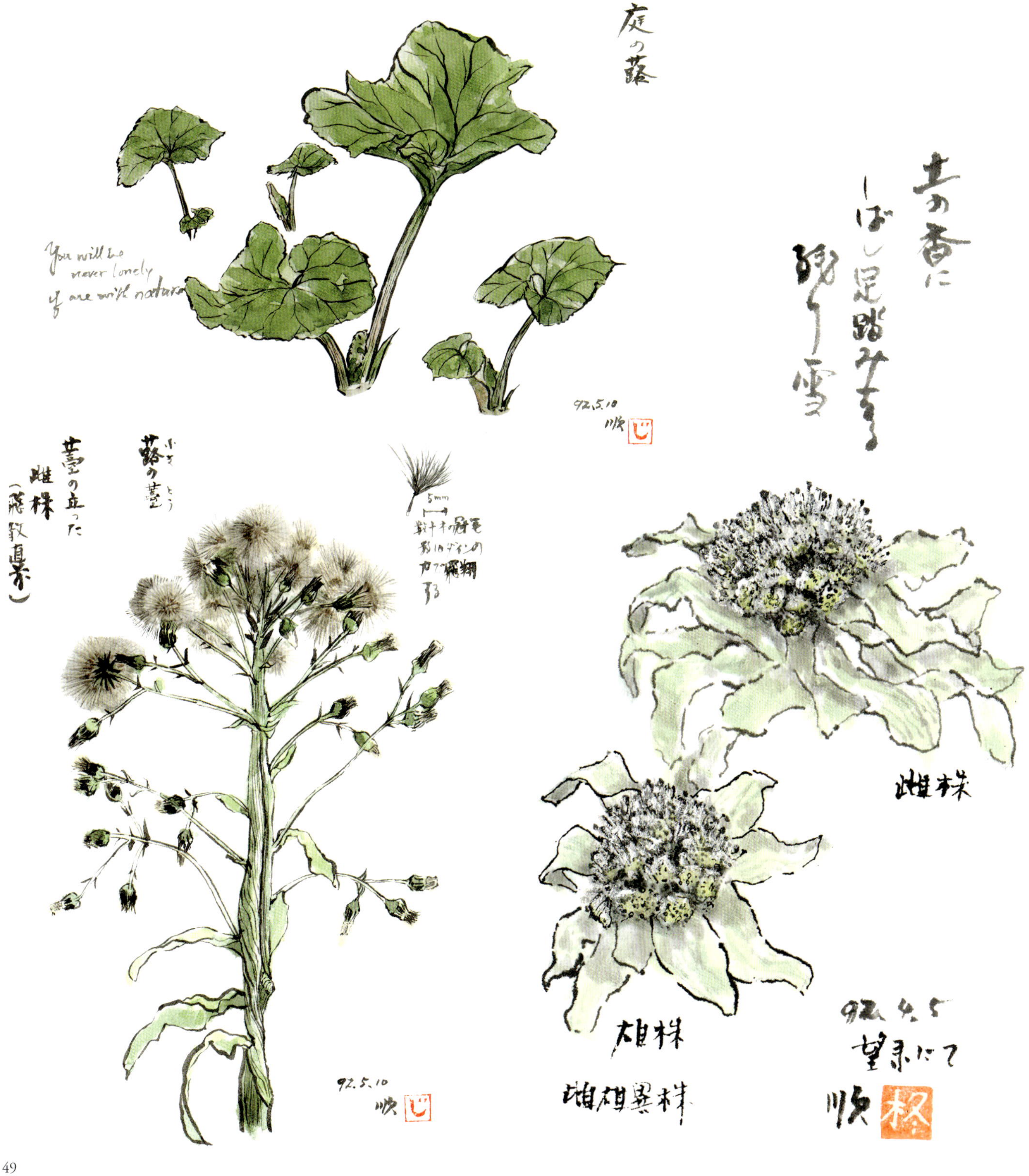
庭の蕗
青の香に
しばし足踏みする
残り雪
You will be
never lonely
if are with natur
92.5.10
順
じ
蕗《ふき》の薹《とう》
薹の立った
雌株
5mm
雌株
雄株
雌雄異株
92.4.5
望来にて
順
92.5.10
順
じ

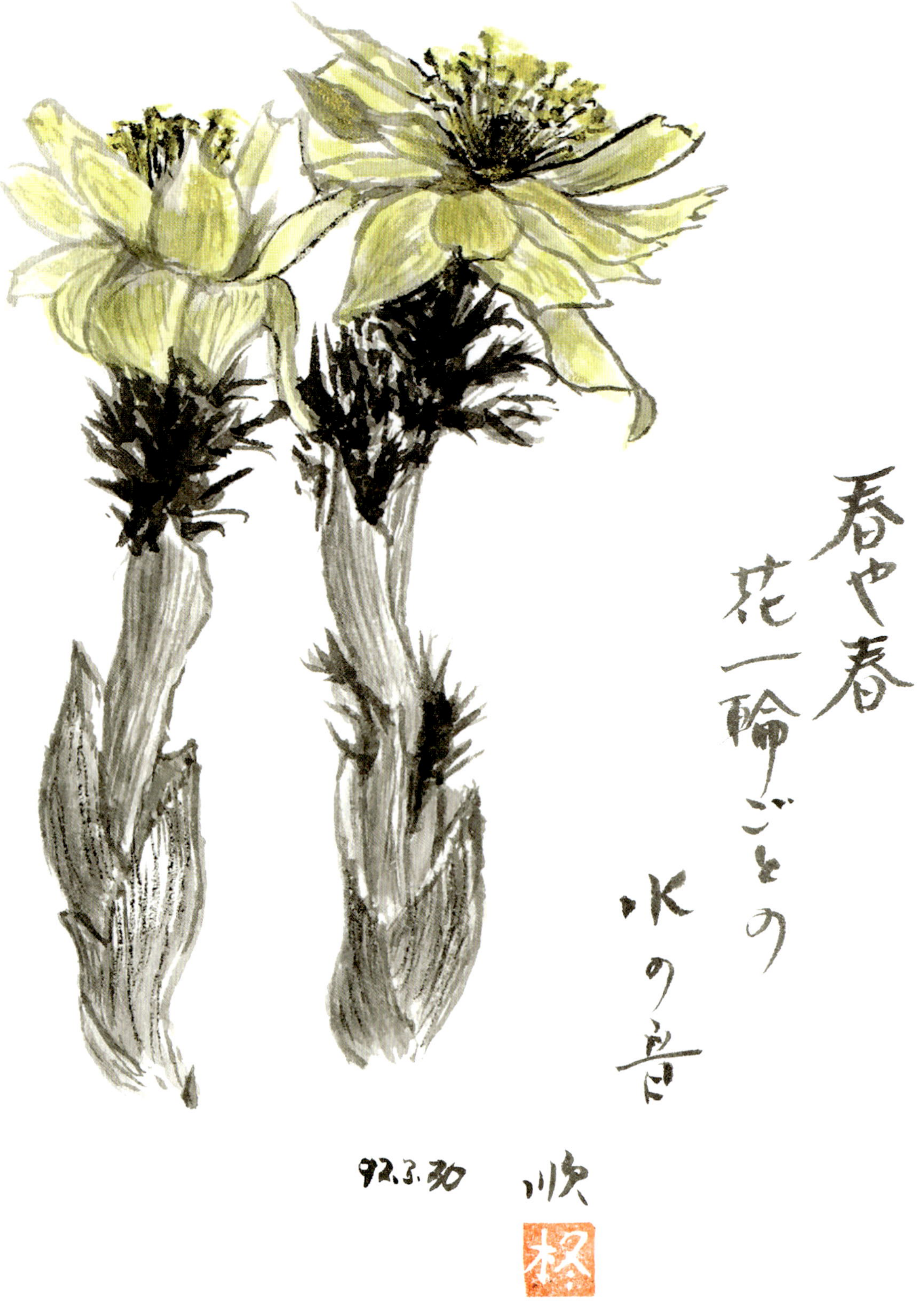
春や春
花一輪ごとの
水の音
92.3.30

フクジュソウ

アドニスの赤い血で作られたというその花には赤いものは無いが、アポロ（太陽神）ばかりに目を向けていることは同じ。

お日様が照っていない時にはしっかりと花を閉じてしまう。早春、残雪の斜面一杯に輝いているが、夕方行くと何も見えない。まだ、札幌には雪の残る早春、遠く日高の方まで、咲き競う花の群れを探して歩く。

本州では、正月の花の様であるが、北海道では、うんと早くても入学式の頃でないと開かない。

（さ）

上図：陽光が射すと（15時00分）開花
下図：陰ると（15時30分）閉花する

土の香に
しばし佇む 水の音
92.3.31

ミズバショウ

増水した石狩川の河原敷に毎年白い帆の様な花がいっぱいに開く。まるでヨットレースだ。コゴミの緑の握り拳がワーッ、と伸び上がり、セリやコシャクなどの山菜も負けじと伸びてヤナギ林は賑やかになる。

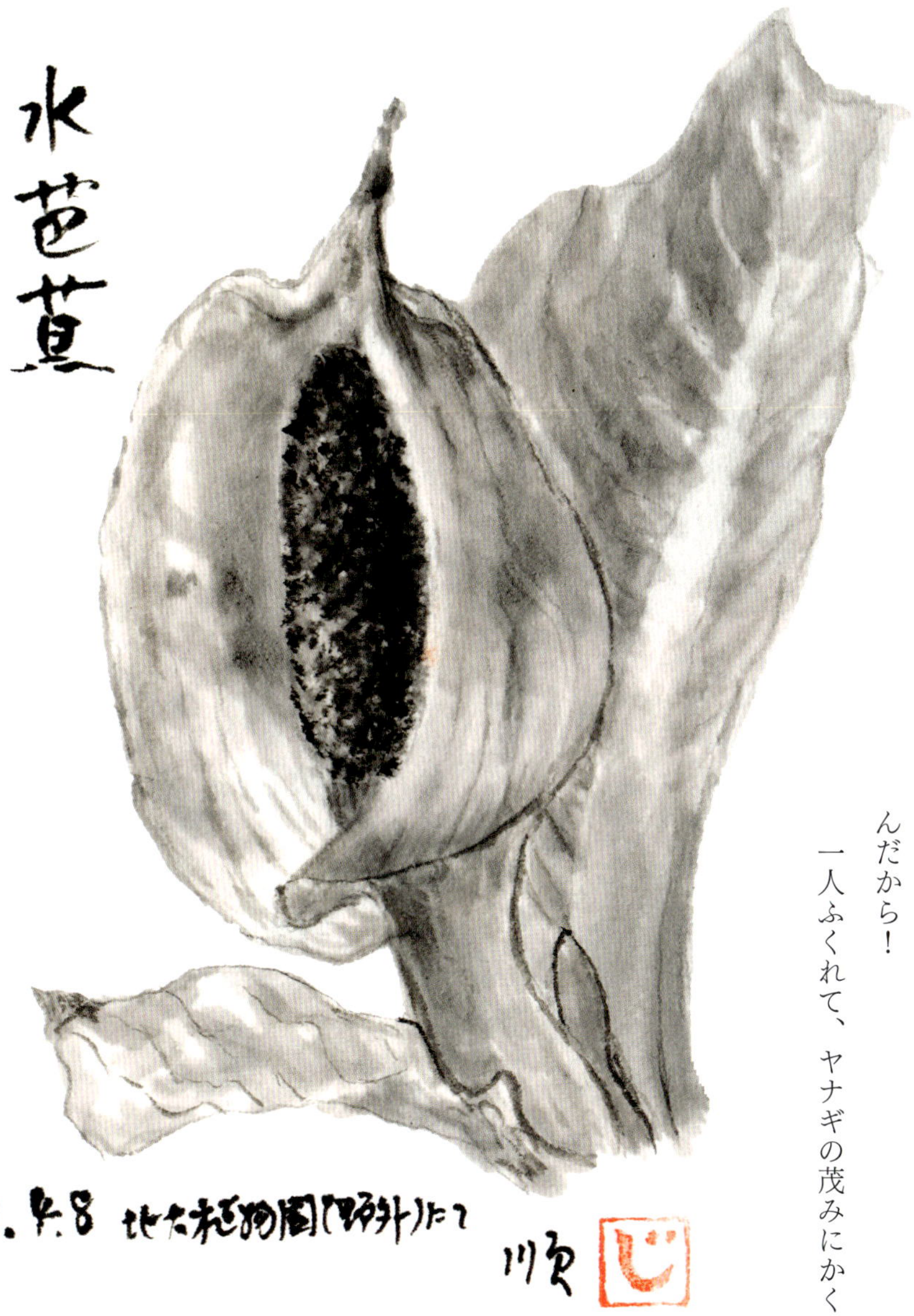

帰ってきた夏鳥が海を越えて初めて出会うヤナギの木立。数知れぬオオジシギの大群がミズバショウの上で旋回しているのを見たことがある。

石狩は風の里。砂丘に描く風紋は日毎に変わって美しい。だがその砂丘の道も、今では石畳になってしまった。ヨーロッパ風にモダンな石畳の歩道は観光客だけが我が物顔に歩く。そして物知り顔に話すことには、「ミズバショウの良い香り」。

馬鹿なことをお言いでないよ！　まったくすごい匂いなんだから！

一人ふくれて、ヤナギの茂みにかくれる。　（さ）

ルイヨウショウマ
（累葉升麻）

子どもの頃は「雨降り草」と言った。白い小さな花だが「エゾ梅雨」の頃、庭一杯に咲き、家の内外、佳い香りに満ちあふれた。

茎も花も「おひたし」として食べられる、うす甘い味だがたいしておいしいとは思わない。

初秋の頃、黒い小さな実がなるが、すぐ落ちてしまう。絵には一粒だけ残っている、しかも鳥に半分食われてしまっている。小鳥を真似てたべてみるとおいしいとは思わない。実を小枝毎煮沸すると、驚くほど濃いきれいな紫色の汁ができあがる。やったことはないが草木染めに使えないだろうか。いたずらに口に含んで口中を紫色にして遊んだ子ども時代を懐かしく思う。　（さ）

ワスレナグサ

Ich weiss nichtやDon't forget meの訳名のようだがなぜワスレナグサなどの名がついたのだろう。西洋では歌にも使われ思いのほか人気がある。

種子をスウェーデンで購入し、帰国後それを植え込んだところ幸子さんに軽蔑された。そんなもの、帰化植物として日本中いたるところに繁殖し、雑草扱いされ、皆の困り者になっていると。

よく見るとどこにでも生えている。納得したが、なかなかかわいらしい風貌を持っている。（じ）

ツツジ

夏 41種 【花だより】

カノコユリ（墨＋2B鉛筆＋エナメル）

アサガオ

加賀の千代女がつるべをとられたアサガオは何色だったのでしょうか？

園芸種のアサガオは実に色が多彩であまり好きになれない。ハマヒルガオは主にピンク色で浜辺に咲き初夏の風物誌。

（じ）

'93 9.1

アジサイ

淡紅、淡青紫、青紫、白など色彩の変化（へんげ）の妙を周囲に押し広げる。七色変化。両性花を真ん中に、その周りに大きな装飾花を配置したガクアジサイ。両性花のすべてが大きく変化した園芸アジサイなどわが家の庭は賑やかな彩りに包まれる。（さ）

蝦夷梅雨に
七色変化の
幽を知り
(柊)
1 Aug '92
8 Aug '92 Redr.

加来園にて
July 18 '93

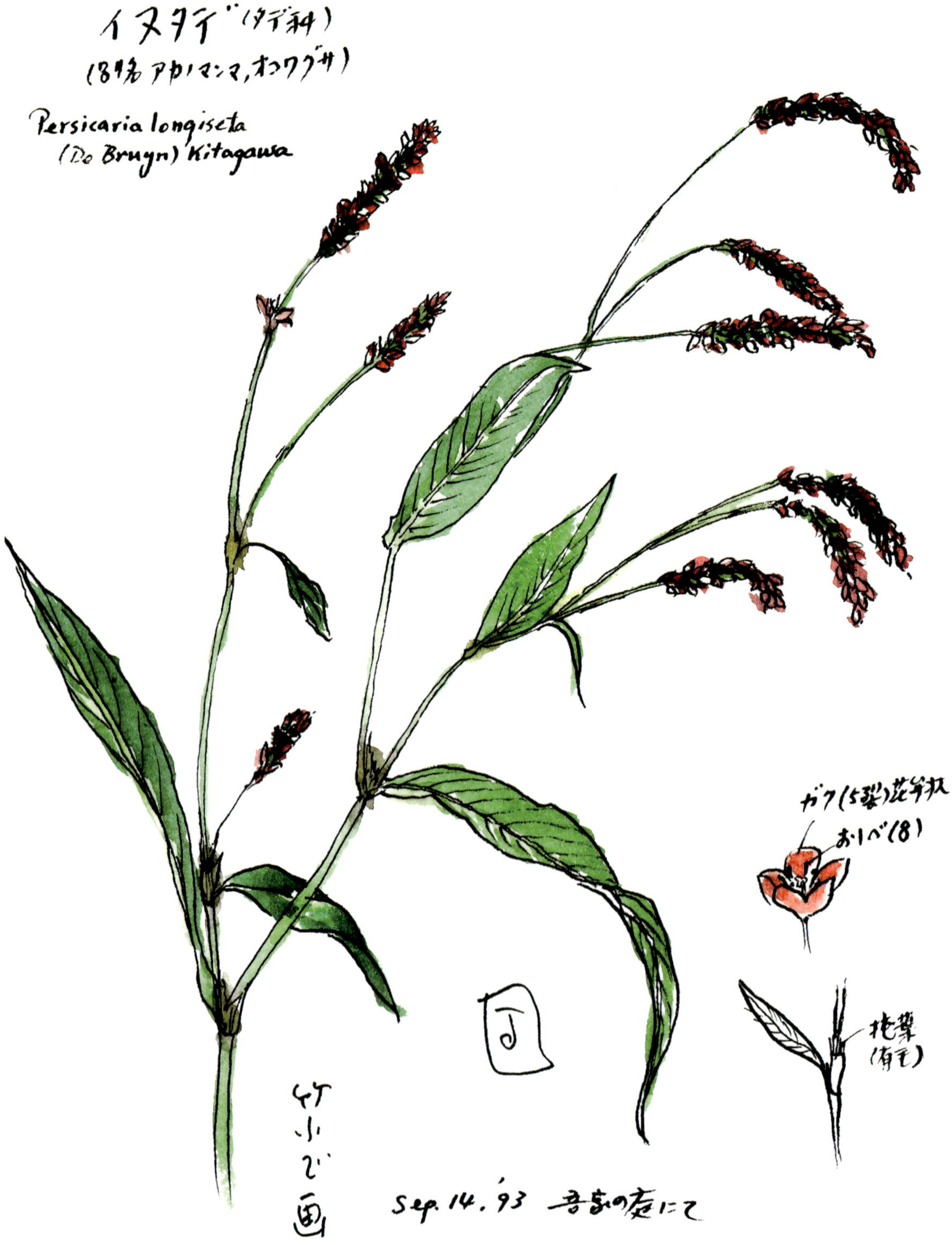

イヌタデ(タデ科)
(別名 アカノマンマ, オコワグサ)
Persicaria longiseta
(De Bruyn) Kitagawa
ガク(5裂)花弁状
おしべ(8)
托葉
(有毛)
竹ふで画
Sep. 14. '93 吾家の庭にて

イヌタデ

蓼食う虫も好き好きというが、濃い紅の小さな芽タデのピリリと辛いのが、大盛りの刺身皿にチョッピリ出てきたりすると、「どうせ、みんなは食べないだろうから……」とか、「私はお酒を飲まないんだから、その分……」などと言って、ついつい人の事のなど考えずに、皆もらってしまう。

タデ科には、結構おいしい植物が多い。

戦争中、畑作農家だったためか、蕎麦ばかり食べていた。その頃、蕎麦は大ご馳走だった。蕎麦もタデ科。

タデ科の白い花は、8月に咲く。

昔、北海道の農家では、冷害の気配を感じると、直ちに蕎麦に切り替えた。寒々とした8月の冷夏に寂しい白い花。

イタドリに、スカンポ（スイバ）は子どものおやつだった。少し青臭くて酸っぱい葉や茎をよく齧った。ギシギシの芽はぬるっとしてジュンサイのようにして食べる。イタドリは今では山菜としての地位は高い。

タデ科には、眺めて楽しい植物も多い。イヌタデは8月になってから、朱鷺色の可愛い花を咲かせる。なかなか風情がある。ミゾソバの花は、それこそ溝一杯をピンクの小さい花で埋めてしまう。イシミカワ、蔓性のざらざらした茎のあちこちに藍色の小さな実をつける。

いずれも、秋の始まりを告げる花だ。

タデ科の赤い花を「赤のマンマ」あるいは「オコワグサ（お強米草）と親しみをこめて言う地域もある。

（さ）

イワギキョウ

Campanula lasiocarpa

旭岳温泉にて
'93 Aug. 16 J

イワギキョウ

お盆休みに天人峡・旭岳姿見の池に遊んだ。運悪く雨。夜明けとともに雨はあがるが深い霧。ケーブルから覗く下界はエゾアカマツやウラジロナナカマド、矮性のチシマザサの密生林が霧間に流れる。

終着駅は標高1600メートル。気温は5度。残雪がいっそうガスを沸き立たせている。

イワギキョウ、エゾノツガザクラ、アオノツガザクラ。みんな濡れそぼって頭を垂れている。チングルマの黄色の蕊も花弁に纏わりつき綿毛もほつれている。キバナシャクナゲ、チチコグサ、エゾコザクラも見事だ。ミヤマリンドウは背丈数センチ、花弁は1センチ足らず、可憐なことこの上なし。コケモモの果実はもう色づいている。

高度差による垂直分布と土壌の性状によって植物はコロニー（群落）を創っている。だからそこいらをあちこち歩き廻らないと多くの種類を見ることができない。コマクサの大群落を見れなかったのは残念だった。

あの有名なダイセツトリカブトはここにはないのかもしれない。（さ）

エーデルヴァイス

品格のある、とても美しい高貴な花。

今から50数年前のこと。盛夏のある日、山（岩手県の早池峰山＝1941メートル）からウスユキソウの押し花が一葉届いた（69ページの図）。思いがけなかった。ハヤチネウスユキソウが正式な名前の花。

それが縁となってその5年後、私は手鍋提げて贈り主のもとに嫁に行った。

私の生家は酪農業を営んでいた。そのトレードマークの図案はエーデルヴァイスだった。チーズやバターの包装紙

に使っていた。

父は山岳部員だったしアルプスの高貴な花、エーデルヴァイスに憧れていたのだろうと思う。農民画家の坂本直行さんも北大での岳友だったし共に開墾地で同居していた仲間同士のお付き合いがあった。

直行さんの描いたエーデルヴァイスの包装紙（菓子店の六花亭）を見る度にさまざまのことが重なり思い出されて切ない思いに駆られる。（さ）

```
Edelwiss

1. Wer nennt mir jene Blume die allein
   auf steiler Alm erblüht in Sonnenschein,
   die schönste Zierde unser Alpenwelt
   hochdroben einsam ... vom Schnee erhellt!
   Der Hirtenbube ...      ... Höh'n,
   wenn du ...                gestehn: —
   Es ist der Blu...      ...eser Reis,
   die Alpen ...          ...!

   Es ist der ...
   die Alpen...

2. Den Jüngling ...     ...uelle ...
   nicht schente, ...die steil  ...höh'n hinan,
   er wusste wohl ...   det ...
   das höchste Glück, ...   ...ent sein!
   Kein Fels zu hoch, k...       ...hm zu breit,
   er jubelt la...weil ...   nicht weit. —
   Für's Lieb ...dig ...ume bri...
   ein Edelweiss ... Al... gissmei...t!

   Für's Lieb ...
   ein Edelweis...

3. "Mit Herz und ... für's Alpenland"
   so rufen alle ...one Band
   des Freiheit ... umschlungen hält,
   die gerne sterben für ... Alpenwelt.
   Die fest und treu ...ig Hand in Hand
   die Freiheit pflanzten ...s Alpenland: —
   Den Freien ward für ... Preis:
   Der schönste Lohn, ein za... ...lweiss,
   Der schönste Lohn, ein zartes ...lweiss!
   Den Freien ward für ihrer Mühe Preis:
   Der schönste Lohn, ein zartes Edelweiss! —
```

はやちねうすゆき草
(Leontopodium hayachinense Hara & Kitam.)
北上山地早池峯山. 1956.7.30

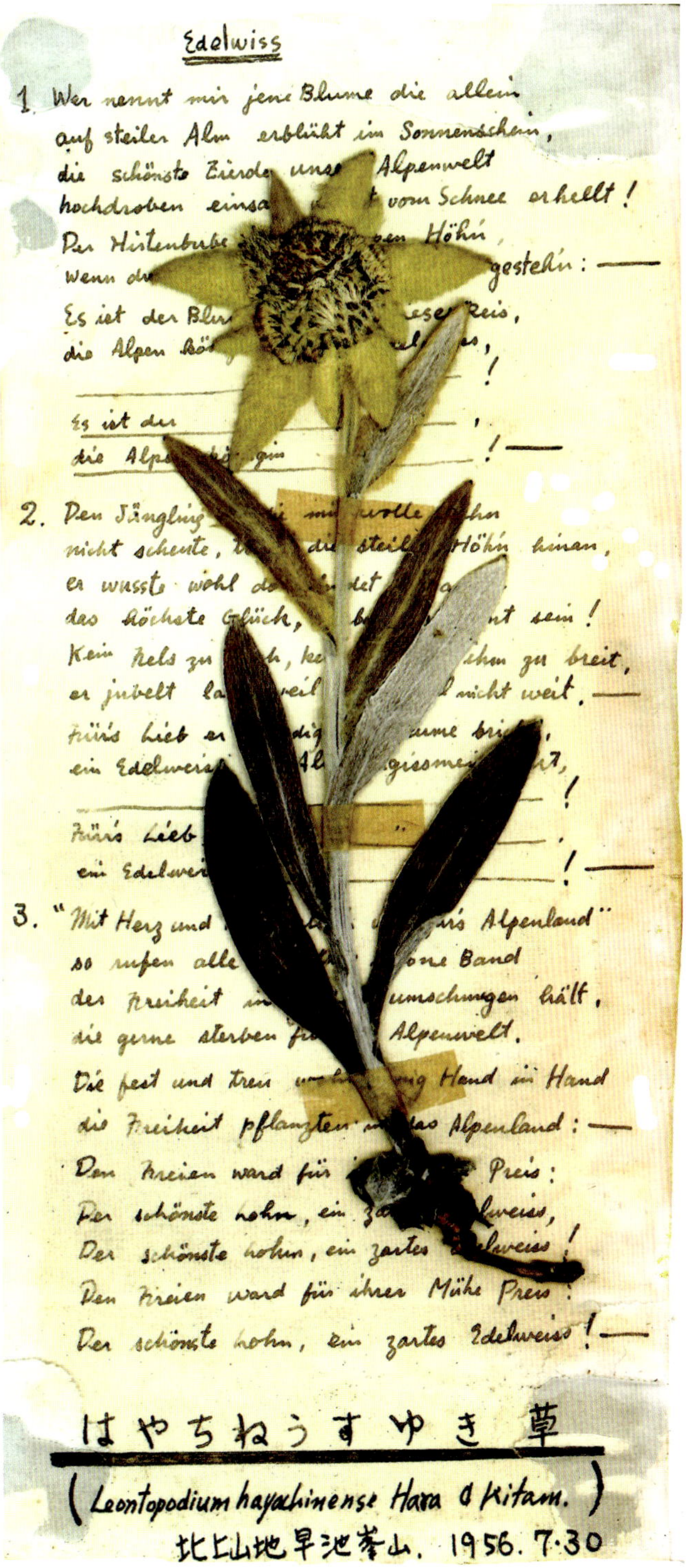

古色蒼然たる「貰ったラブレター」
下地の文章はエーデルヴァイスの歌詞
（順自筆）（1956年7月30日付け）

Edelweiß

その名の如く
高貴にして純白
アルプスの名花にふさわしい

キク科
エゾウスユキソウ(別名 レブンウスユキソウ)
Leontopodium discolor

チシマウスユキソウ
L. kurilense

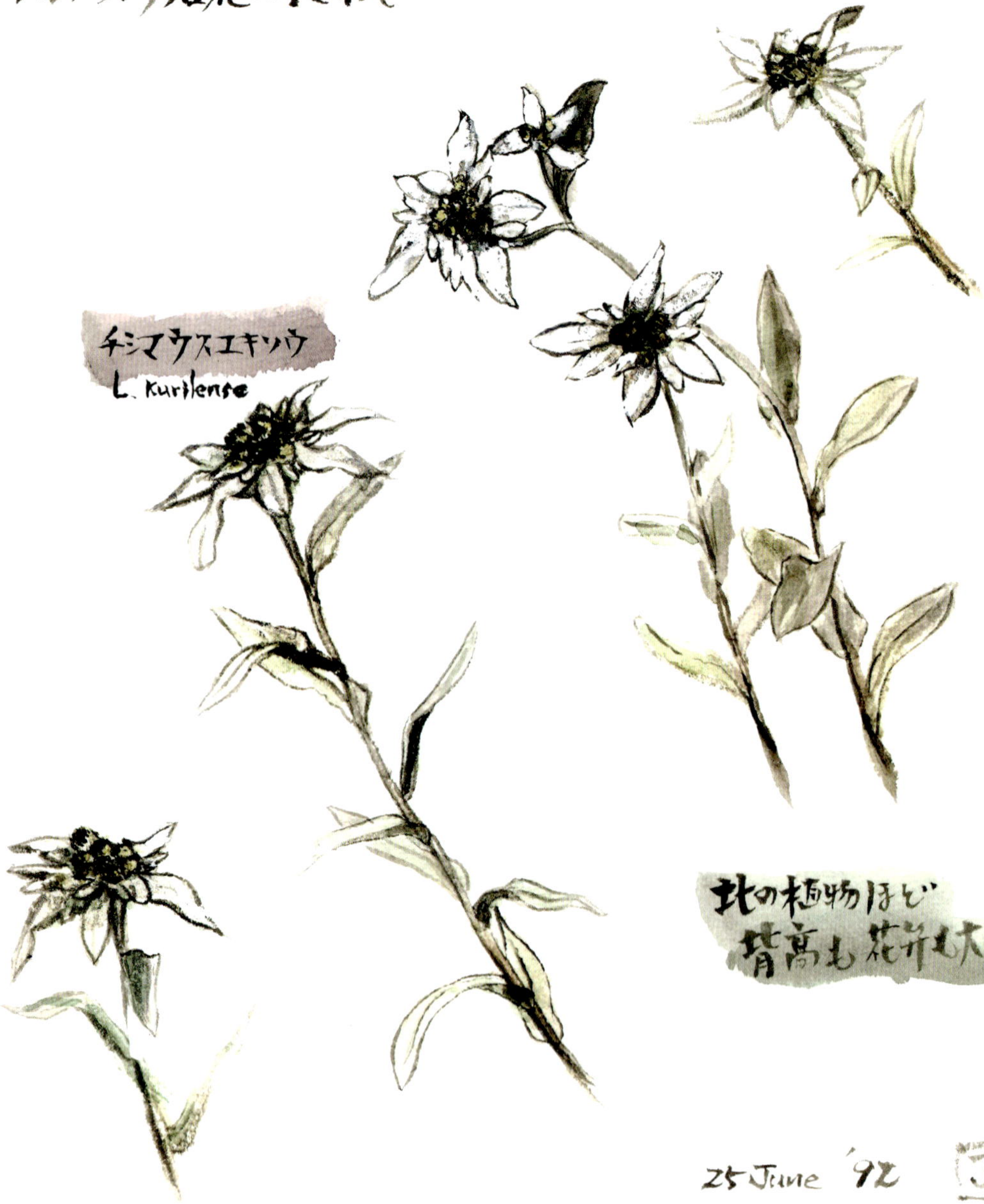

北の植物ほど
背高も花弁も大きい

25 June '92 J
北大植物園高山植物
コーナーで

墨+水彩(不透明)

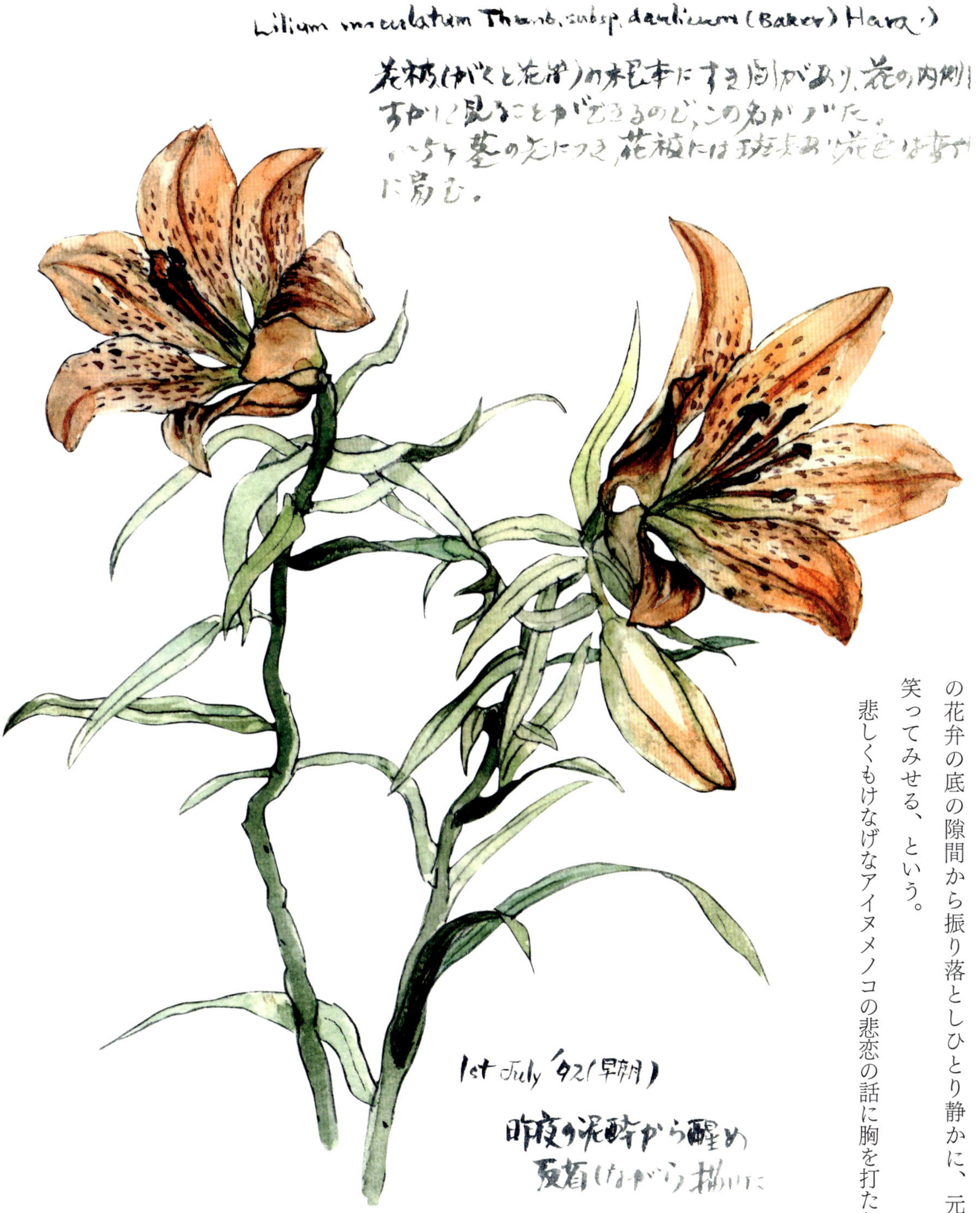
Lilium maculatum Thunb. subsp. dauricum (Baker) Hara.
花被(がくと花弁)の根本にすき間があり、花の内側をすかして見ることができるので、この名がついた。
1〜5ヶ茎の先につき、花被には斑点あり、花色は変化に富む。
1st July '92 (早朝)
昨夜の泥酔から醒め
反省しながら描いた

エゾスカシユリ

アイヌの民話に、メノコはどんなにつらい時でも人前では決して涙を流さない。ひとり涙を流すときは天を仰ぎ見てカムイに祈る、まるでスカシユリのように！

透かしユリは何時も天を仰ぎ見ている。溢れる雨露をその花弁の底の隙間から振り落としひとり静かに、元気に笑ってみせる、という。

悲しくもけなげなアイヌメノコの悲恋の話に胸を打たれる。

（さ）

オオウバユリ

暗い森の中いっぱいに漂う甘い花の香。
仄かに浮かび上がる大きな淡い緑の花の群れ。生い茂った樹々の下草はオニゼンマイとウバユリ。そこは不思議な妖精たちの住まい。薄緑の大きな花の一つ一つ彼女たちのベッド。暗い森の夜のしじまに、ウバユリの花はいっときの魔法で変えられる。淡い緑の花びらはそのままオオミズアオの妖艶な緑の衣となり、音もなく舞い上がる。大きな薄水色の羽と濃いえんじ色の縁取り。黄金色の触覚。音もなく、暗い夜の森から、灯火のある辺りへ滑り出る。時折、明け方の森の小道に、花びらに戻れなかったまま、息も絶え絶えになったオオミズアオを見ることがある。

ウバユリ。姥百合と書く。花が咲く頃には葉（歯）が落ちているからだと言う。女性を馬鹿にしたネーミングだ。花が咲くとその球根の生命は終わる。3年間、大きく花茎を伸ばした球根の脇に、小さなひとかけらの脇芽が出来、2年がかりで開花するためのエネルギーを蓄えた。成長過程の、握り拳程もある球根は栄養豊かで昔から野生動物ばかりでなく北辺の人びとの生命を支えてきた。アイヌの古いやり方で澱粉を取ったことがある。極めて良質の澱粉が取れた。

空揚げにして塩をまぶした球根はとてもおいしい。ポテトチップなど物の数ではない。

（さ）

定山渓にて
'93 July 27

オオバナノミミナグサ

海岸沿いの丘陵地の草原ならどこにでもたくさん生えているが、群生しているのにとても地味な花。

同じナデシコ科だというだけあってオオミミナグサやオオヤマフスマとよく似ている。５つある花弁の先がそれぞれ二裂していることがオオヤマフスマとは違う。（じ）

北大農場にて：墨＋岩彩 '92.7.7

オオマツヨイグサ

夕方、小さく包まっていた花弁はパッといっせいに開花するオオマツヨイグサ。そして翌朝には萎れ紅く変色して店じまいする一日花。月見草だとか、いや別だとか人様は様々唱えるが、人はいざ、私には月を待つ短命な花の思い出しかない。

古人は吟じた。

月々に月見る月は多けれど月見る月はこの月の月

陰暦8月十五夜の月見の会をもった子ども時代。亡き父母や妹と過ごした楽しかった思い出。円い形の「月見ごちそう」……だんご、いも。まんじゅう……そして月見草にススキの穂、何にもない素朴なホームパーティー、でも心はゆたかだった……

（じ・さ）

オダマキ

外来種とミヤマオダマキ（深山苧環）とでは花弁の形が違う。

このページの絵は外来種。また、花の色もたくさんあるが、次のページのミヤマは淡青紫色。

どちらのオダマキも初秋の枯れる時期の葉の色彩は豪華絢爛、じつに美しい。（さ）

ミヤマオダマキ Aquilegia flabellata et var. pumila
(キンポウゲ科)
漏斗状に開いている
閉じている
子房スケッチ
26th June 92 J
北大植物園アルパイン園にてスケッチ
(鉛筆(HB)+水彩(不透明)+フィクサチーフ)

末完成のアザミ
（鉛筆＋透明水彩 '93）

チシマアザミ

北海道の山野のどこにでも生えているチシマアザミ。別名オニアザミ。

若芽をおひたしにすれば棘も気にならないほど柔らかく、癖も無くとてもおいしい。私の好きな野草だ。

八百屋さんで時どき見かけるアーチチョークは朝鮮アザミのことだが朝鮮とは特に関係はないとされており、ヨーロッパでも人気がある食べ物。若い頭花の花托を茹でて熱々のうちに一枚ずつ外し、バターをつけ、上下の前歯でこそいで中身を食するのだが、始めたらもう止まらない「カッパエビセン」なのだ、最後の最後まで食べつくしてしまう。老いも若きもレディも野郎も育ちの良い悪いは関係なく食べつくす。

ヨーロッパでの食事風景を思い出していつも楽しくなってしまう。


（じ・さ）

カイウ（海芋）

白い花を描いてくれという。少しベージュ色を含んでいるが微妙な彩りだ。面倒なので青墨で描いてみた。カラーという名の園芸種だと言うが、なぜそんな呼び方をしているのかわからない。江戸時代、オランダ船で渡来したからオランダ海芋ともいうそうだ。葉から見れば芋（サトイモ）の仲間らしい。なるほど、サトイモ科オランダカイウ属なそうだ。学名は*Zantedeschia aethiopica* Sprengで小名から見てエチオピア原産らしい。

描くほうにして見れば余り興を催さない地味な花だ。オッと、白い花に見えるのは仏炎包で、中心に黄色い肉穂花序を立て、下部は雌花で上部が雄花だが描くのが煩わしいのでそれが見えない角度から描いておいた。（じ）

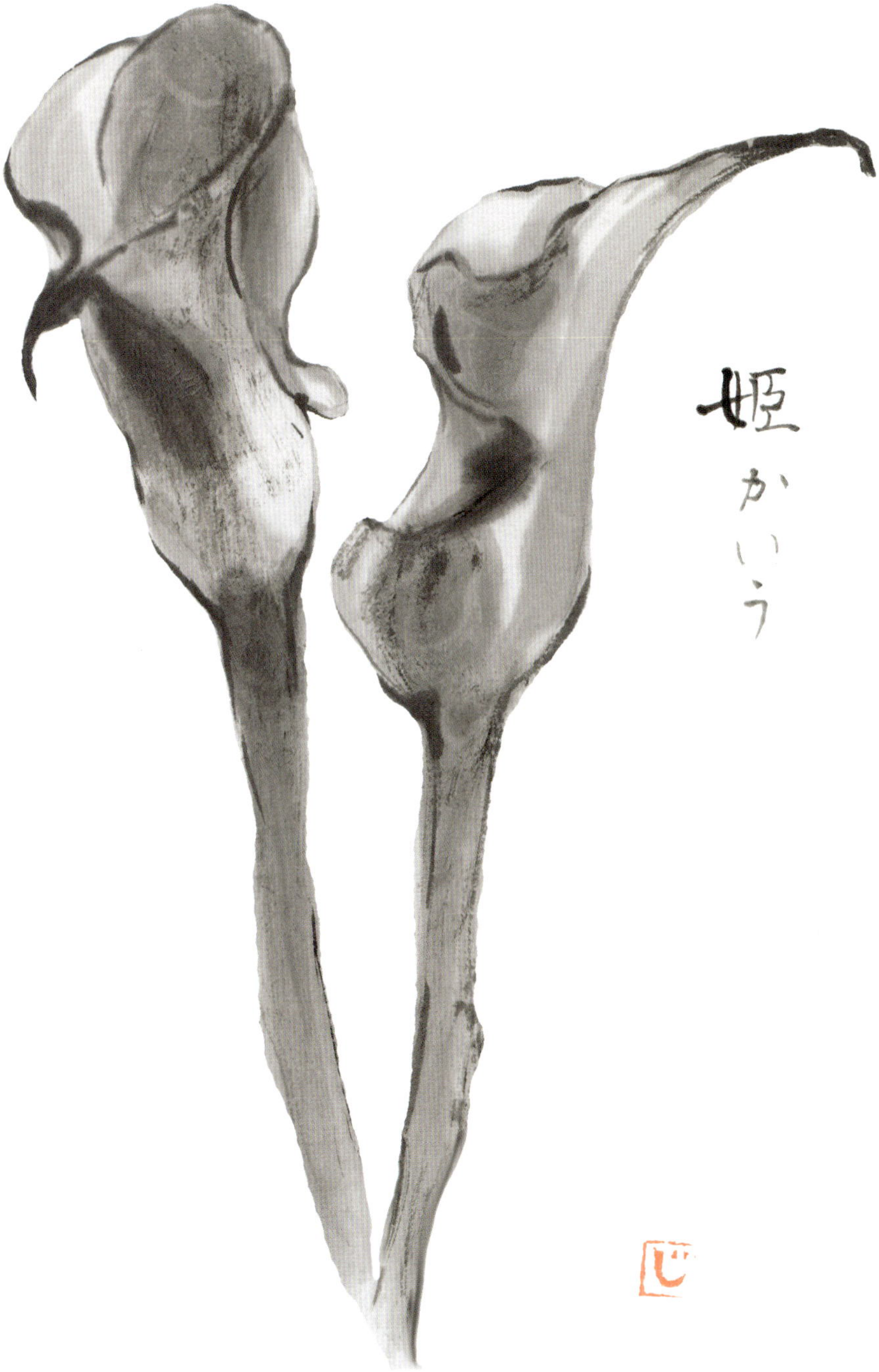

自宅にて：墨絵 '72.5

キスゲ

ニッコウキスゲあるいはカンゾウともいう。北海道の山野・原野・草原のどこにでも生える。若葉も花・根もおいしく食べられる。

（さ）

ギボウシ

山野に群生したくさん見かける山菜にオオバギボウシがあり。地方によってウルイとも言う。ユリ科ギボウシ属にはいろいろあるがスケッチしたギボウシは園芸種のスジギボウシ（筋擬宝珠）の変種で葉の主脈や縁辺部に沿い白色の縦縞が入っている。ウルイはおいしいとは思わないが、戦中・戦後の食糧難の時代、救荒食材として、満足感を得るため雑炊の中に混入して食べたものだった。

今の飽食の時代、ウルイを食べてみたいとも思ったりするが、このスジギボウシは食べる気がしない。見るからにおいしくなさそうだからだ。（さ）

グミ

7月中旬、グミが実った。その一枝に熟成度の異なる3ヶの実がぶら下がっている。題して「未熟」「完熟」「朽熟＝過熟」。三世代同居ではないが一世代同居の「幼」「青壮」「老」を見る感がした。

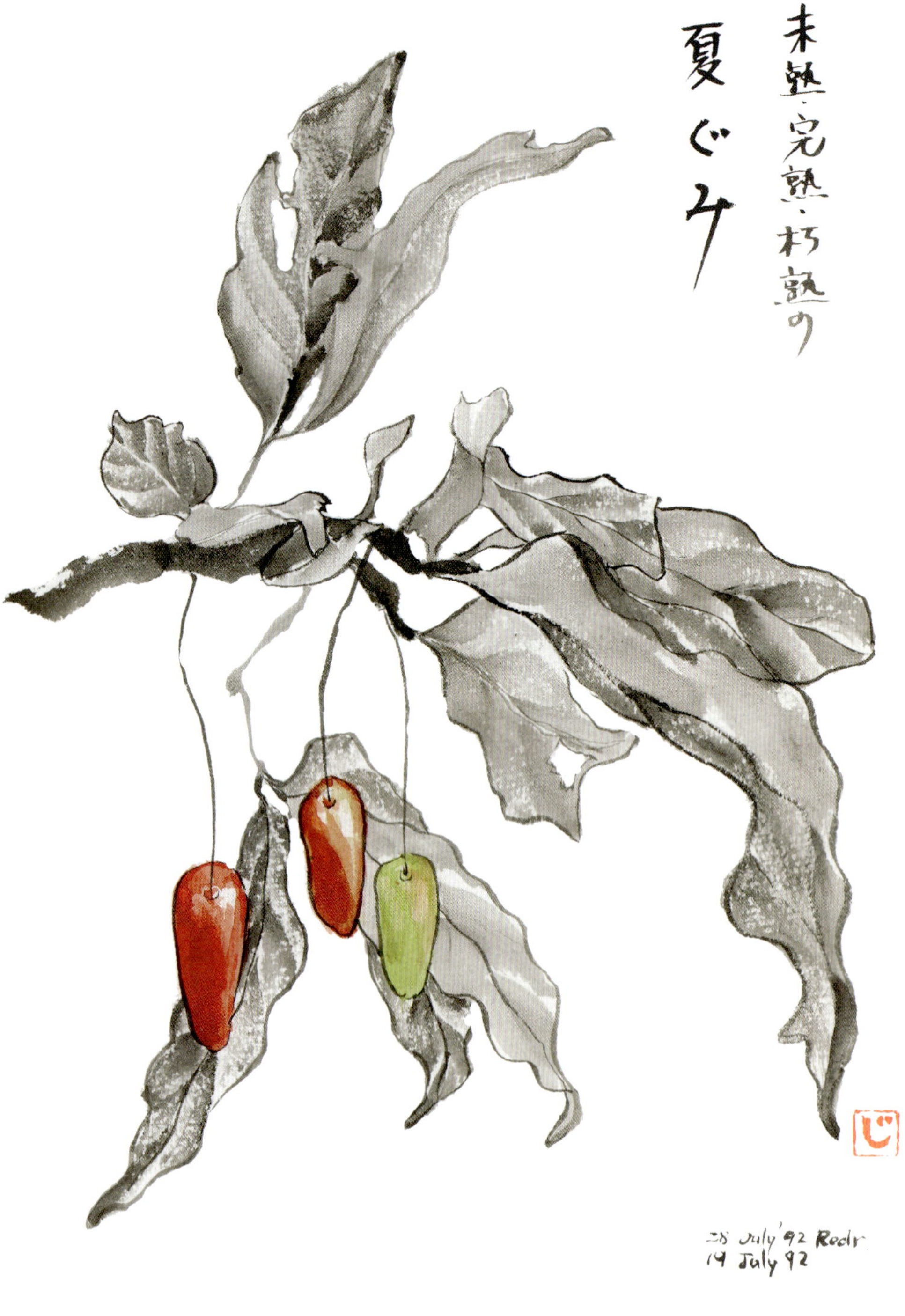

植物の「1年生・多年生はどうして生じたのだろうか？」草・木に限らず同一の個体でも「なぜ花は同時に咲かず時差的に開花するのか？　そして結実もなぜ時差的に熟成度が異なるのか？」

おもしろいテーマだ。風媒花・虫媒花・鳥媒花にしろ他の力を借用して子孫を残すための実に巧みな自然の摂理であろう。

（じ・さ）

ゲンノショウコ・バネ草

現の証拠
Geranium nepalense Sweet subsp. Thunbergii (Sieb. et Zucc.) Hara
別名フウロソウ、ミコシグサ
'93 Sept. 20
我が家庭にて
花弁(5)
がく(5)
おしべ(10)
めしべ(1)

ゲンノショウコ

何の薬になるのか知らないけれど、ゲンノショウコはお薬。タネ（種子）はくるっと曲がって唇に引っ掛かる。子どもの頃よく遊んだ。（さ）

私は自分の子どもの頃を思い出しました。同じ遊びをして遊んだことを。

他の大人にも教えてあげてくださいとマコちゃんは私にバネ草の一揃いをお土産にくれました。私は大切に持ち帰り札幌でそれを「話のネタ」に友人に伝えました。私の奥さんがそれを見て笑いました「家の庭にもたくさんあるよ」と。

半信半疑で調べたところ、庭中、ゲンノショウコ一式だらけでした。まさに文字通り「現の証拠」でした。

小さくて目立たないけれども子どもの大事な遊び友達、そしてお腹の大事な守り神。通称ゲンノショウコはフウロソウ科フウロソウ属の民間薬として腹痛に用いられる。煎じて飲めばすぐ効果があるということから「現の証拠」と名づけられたと言う。

バネ草

喜茂別町の喫茶店「亜木人」に寄りました。店主の長男のマコちゃん（当時4才）に「草遊び」を教わりました。もう18年も前のことです。

ゲンノショウコの花は初秋になると朔果になりその堅い皮殻がバネ状やヒゲ状となり種子を遠くへ飛ばします。

マコちゃんの言う「バネ草」、その朔果を手に持ち遠くへ飛ばしっこしました。それを見ていた同行の八重樫のオバサンがヒゲ状の皮殻を自分の唇や小鼻に撒きつけて顔を飾りたてました。顔は釣針でいっぱいになりました。マコちゃんは大喜びです。大人たちも大笑いです。

葉は茎の下部のほうでは5つに切れ込むが、上部のものは3つに切れ込む。花期は夏。1センチ内外の花弁が長い葉柄の先に2ヶずつ付く。花の色は白から紅赤色まで変化に富む。チシマフウロソウ（千島風露草）や本州の高山地に生育するグンナイフウロソウはその仲間。（じ）

折れた雄蕊

初夏も春

よくぞ見にけり風《ふう》露《ろ》草《そう》！

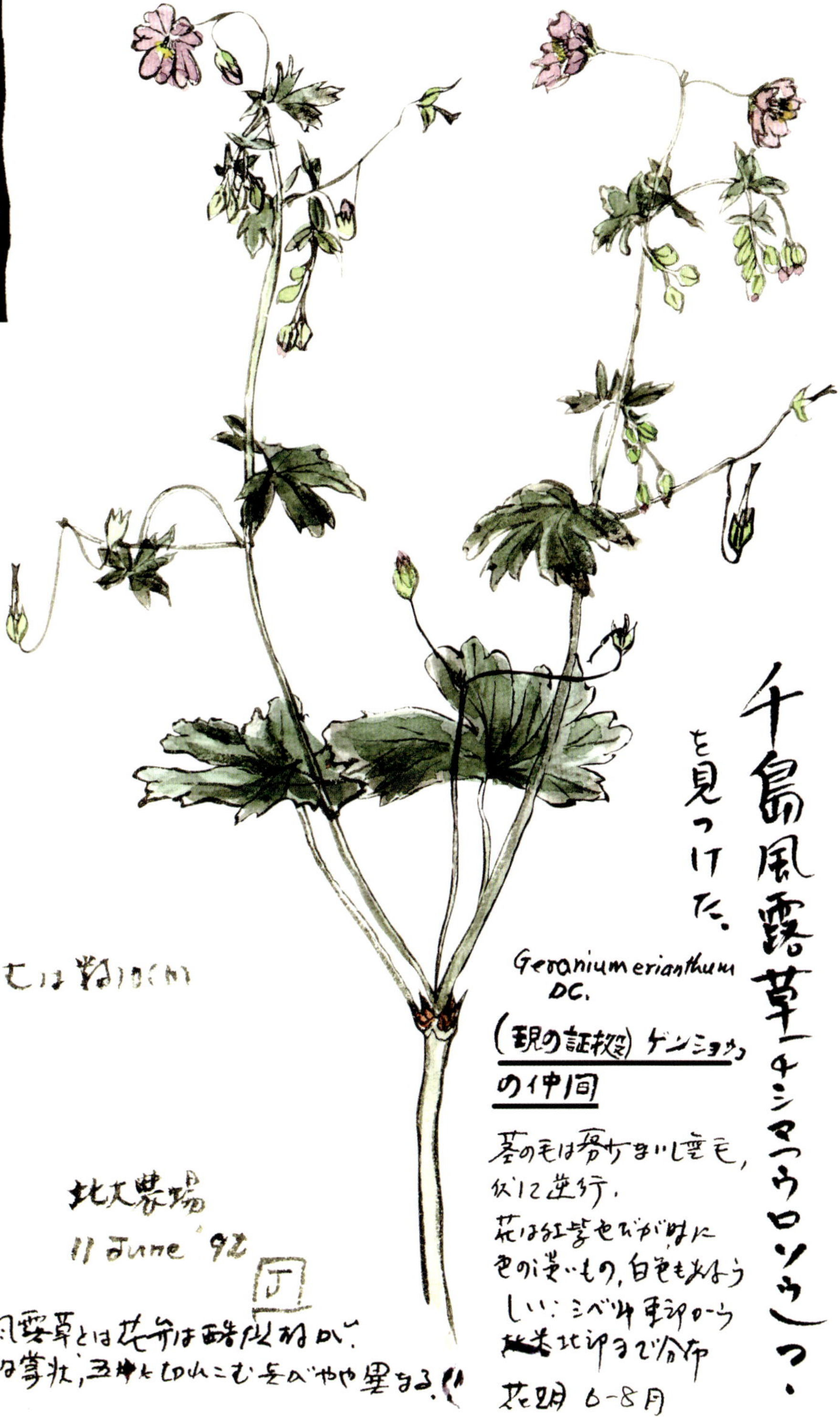

丈は約10cm

千島風露草（チシマフウロソウ）を見つけた。

Geranium erianthum DC.

（現の証拠）ゲンノショウコの仲間

茎の毛は多少まばら密毛，伏して逆行．
花は紅紫色だが時に色の淡いもの，白色もあるらしい：シベリア東部から北部まで分布

花期 6-8月

北大農場
11 June '92

J

千島風露草とは花弁は酷似するが，
葉形が掌状，五裂と切れこむ点がやや異なる！

サギソウ
（我が家にて 岩絵の具＋胡粉 '13.8.6）

サギソウ

道産子の私はサギを見たことはない。コウノトリ目サギ科であることは知っていたが。でも何故か家の庭には「サギソウ」が数輪乱舞する。そう言えば「白鷺城」という名物があった。姫路城だとか。この城を見たことはないが白壁の城を世界遺産にしてまでもてはやす意義が私にはわからない。

庭のサギソウはそんなことに関わりなく生き延びている。確かにきれいだ。でも北海道の冬には耐えきれぬのか年々歳々、元気がなくなるようだ。

連れ合いにサギソウを描いてくれと頼んだら「嫌だ、白は色ではない」と変な理屈を言う。それを言うのならば知人の富樫正雄画伯（二水会・札幌在住）は「春、雪融けの雪」を描いているではないかと詰めたら──やっと腰を上げたのがこの絵。

白地に白鷺は映えないので背景は濃緑色でサギソウは胡粉で描いたとか。（さ）

サフラン

園芸品種のクロッカスは花サフラン（*Crocus vernus*）から観賞用に改良されたもので春咲き、札幌のどこでも見られる。薬用・スパイス用の目的で栽培されるサフラン（C. sativus L.）は秋咲き。北海道ではめったに見かけない。スペインで見かけたのでスケッチした。

長い赤橙色の雌蕊が特徴的。貴重品なので描写しただけ。御土産に雌蕊の乾燥品を購入したら大変高価だった。おいしいジャポニカ米にサフランは相応しくない。概してまずく臭いインディカ米（いわゆる外米）には必須だろうが。こんな偏見?を持つのもなぜこんな雌蕊ごときがこうも高価なのか、大枚を支払った恨みつらみなのかも。はてはウルグアイランドで「まずい米」を買わされ、なおかつ減反政策を強いられている日本の米生産の在り方、食料エネルギー自給率40パーセント台の農業政策の現状にまで批判が及ぶ、その話の脱線ぶり……我ながら呆れてしまう。

（じ）

5cm
サフラン
Crocus sativus
'96. Oct. スペインにて

シソ

青シソが今年はよく育った。手入れはしなかったが肥料は牛糞や堆肥など有機肥料をたくさん与えたのがよかったのだろう。葉といい実といいどんな料理にも調和するスパイスとして重宝している。スリランカの農場産のコショウの実、自家産のサンショウ（葉と実）・青シソの葉と実とを適当にミックスして木臼で擂り潰してスパイスとして使う。我が家の三種の神器のスパイス、しかも自家産だというのもうれしい、市販のゴマの実を混入すれば言うことなしだ。どんな料理にもマッチすること請け合いだ。

擂り潰すのは粉末ミキサーが手軽だが、我が家では木臼だ。これはヤシの木から造ったもの、ヤシの木はとても硬堅なので臼と杵には最適だ。一番良いのは昔はどこでも台所で使っていた石臼だがこれは恵庭の実家から持ってきた。だが重すぎてそして大げさなので庭に放り出してある。（さ）

ジャガイモ

おイモさんといえばジャガイモ。「紅丸」「農林二号」という品種のイモを父が貰って来、豊似岳の東麓の大樹の原野に植えたのが最初。開墾地の土壌が悪くいろいろ苦労を重ねたがうまく育たなかった。それでも太平洋戦争中や戦後の食糧難の時、一家や寄寓した何10組もの友人の家族の生命を繋いでくれた。その後、南米から種イモを輸入した。「アンデスの星」という名前のイモだった。父は男爵イモやメイクイーンも植えたがアンデスの星が一番おいしかった。

私の連れ合い殿は後に北海道大学の農場から「インカの星」という名の種イモをもらって来たので我が家の畑に植えた。

イモはアンデスの澄み切った空気を思い出すのか、薄紫の可憐な花をエゾの地に咲かせた。（さ）

インカの星
（我が家 水彩 '93.7.8）

男爵イモ
（我が家 水彩 '93.7.8）

ジャコウアオイ

近所の空き地でこの花を見つけた。可憐な2～3センチの白花をつけ花底部が淡いピンク色。アオイ属の植物とはすぐ判った。甘い佳香をかすかに漂わせている。

調べてみると、ジャコウアオイ。香道の嗜みはむろんなく、今まで麝香《じゃこう》を利《き》いたことはないが、ハハア、この香りが「ジャコウ」かと鼻で納得した。

野生化したこのアオイは花好きに愛されながら、隣人から隣人へと伝播されたものだという。今では庭にわざわざ植え込まれることもなく休耕地などに野生化して生き延びている。たくましく生き延びてくれ！　可憐な小花よ！

（じ）

北ノ沢にて 縮尺1/2 '92.6

チョウノスケソウ（長之助草）

後氷期の生物遺存種（レリック）として有名なドリアス植物群の一つである（須川）チョウノスケソウ。同じレリックとして北海道の「ナキウサギ」や「ウスバキチョウ」とともに氷期や後氷期の面白さを知ったのは湊　正雄先生の授業であった。50数年前のことである。

チョウノスケソウを見たのはその直後で大雪連峰であった。

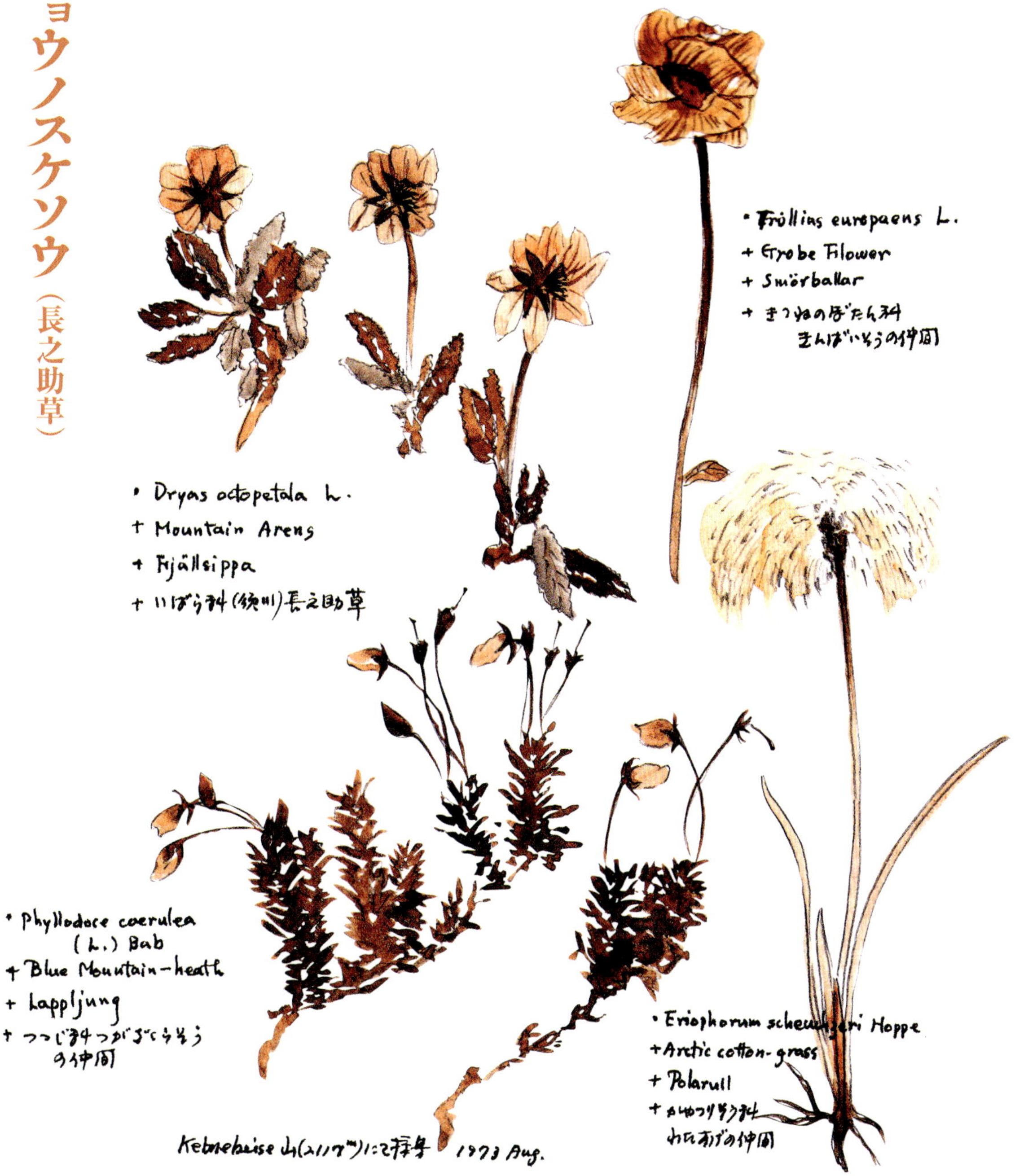

左上の3図がチョウノスケソウ。背丈は5cm
（右上はキンバイソウの仲間、左下5図はツガザクラ、右下はワタスゲの仲間）。各図の縮尺はチョウノスケソウに同じ。

さらにスウェーデンのラップランド地域で見たのはそれから20年後のことであったがその地はアビスコ国立公園で高山植物のメッカであった。貴重なレリック植物群を前に採集することなど及びもつかずひたすらスケッチしまくった（図）。セピア色で。仮に盗採して押し葉（栞）にしたとしても近い将来セピア色に変色してしまうことを予期しての彩色であった。あれから40年過ぎたがあの植物群の強烈な印象は決して色褪せてはいない。氷期から間氷期への転換期すなわち後氷期の訪れとともに氷河の後退を追いかけるようにドリアス植物群が出現し、さらにそれを追いかけて、矮小性の灌木↓大型の樹木林の交替が行われる自然の摂理・驚異を目の当たりにしたあの感動は決してセピア色にはなってはいない。

次図はリンネがラップランド地方の植物調査旅行をした時の自筆のチョウノスケ草である。

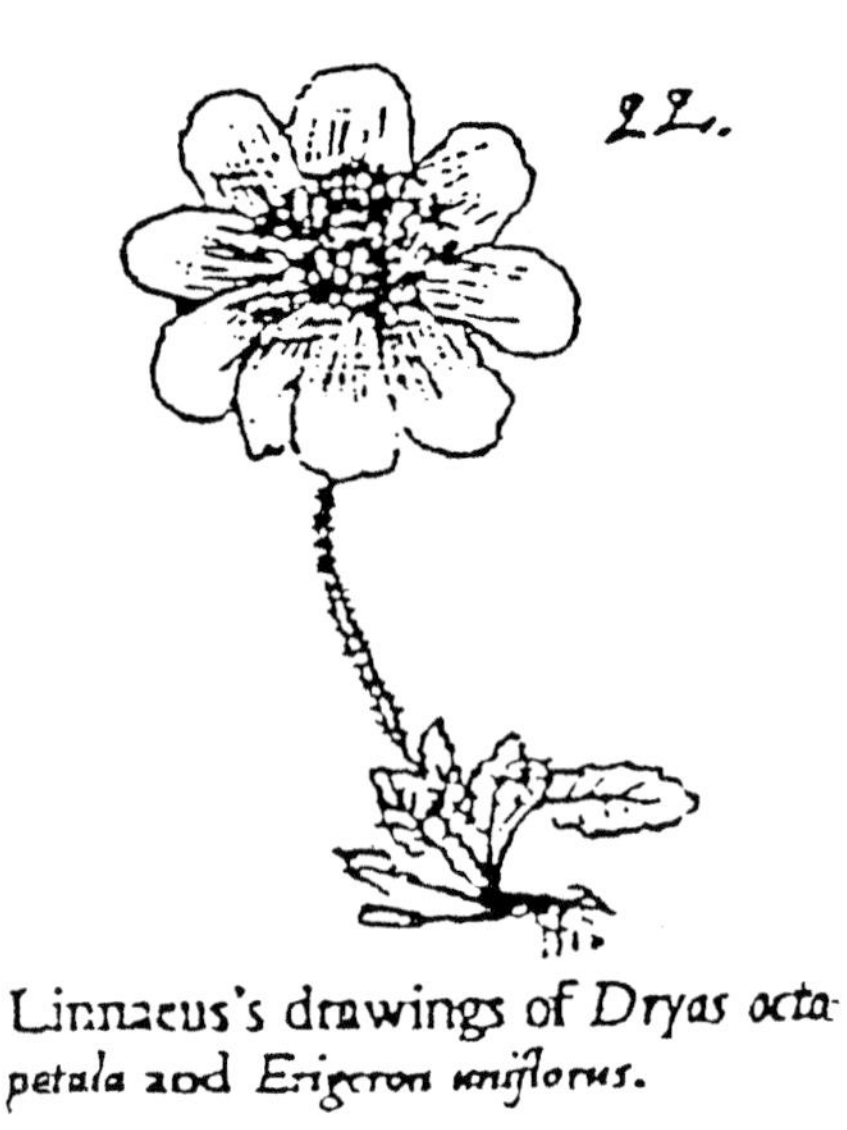
22.
Linnaeus's drawings of Dryas octa-
petala and Erigeron uniflorus.

リンネ自筆の*Dryas octapetala*

このスケッチを見ていつも不思議に思うことがある。

学名の種小名（*octopetala*）は8枚の花弁の意味。ところが絵では9枚描かれている。まさかとは思うが単純なミススケッチなのか、あるいは奇形（変異・変異種）としてわざわざ記載したものなのか、リンネ協会でも議論が分かれるという。なぜなら「生物の種は不変」とする彼の初期の動植物分類法は当時18世紀の自然科学界の「自然の絶対的普遍性」という神学的自然観に貫かれていた（エンゲルスは著書「空想より科学へ」・「自然弁証法」でリンネをこの点で批判した）ので生物の奇形・変異を認めていなかったからである。

シロツメクサやムラサキツメクサにしばしば見られる、いわゆる「四つ葉のクローバ」などは当時どのように説明していたのだろうか？

彼が奇形を認めるようになったのは晩年のことだが、発想の転機になったのは「いつ」、「何を見て」なのか問われているからだ。

チョウノスケソウはバラ科としては珍しく8花弁を持つが実際には6枚から11枚なのが普通だ。

健康で自由闊達に進展したギリシャ時代の科学界が一転して「暗黒時代」と称せられた欧州の封建時代、それを支配したのは「神こそ唯一の自然物の創造主」とするキリスト教的自然観であった。

近代的自然観に脱皮・展開するためには幾多の試練を経なければならなかったことをこの絵は語っている。（じ）

ツガザクラとアオノツガザクラ

ツガザクラを高山で見るのは実にいい。細長の壺形の花弁を下向きに何時もうつむいている。その先端はおちょぼ口にも似てすぼまっている。果実は蒴果で長さ約5ミリ、花弁は下向きなのに実は上を向く。エゾノツガザクラとツガザクラとがあってややこしいがその区別は花色の濃淡だけなのだろうか？

岩場の割れ目や岩礫地や痩せている草原などに単独あるいは群生しコロニーを作っているのを見ると嬉しくなってしまう。コマクサのように孤独でもなく女王然としている風情もないのがなおいい。両者に共通しているのは痩せ地でも生育していることだ。

学名は*Phyllodoce nipponika* Makino。だが属名*Phyllodoce*は「海の女神」に因んだというけれども代表的な高山植物の一つであるツガザクラになぜ「海の女神」なのだろうか？　（さ）

ツユクサ

鴨頭草《つきぐさ》に衣ぞ染《し》むる　君がため　彩色《いろどり》ごろも　摺《す》らむと念《も》ひて（万七　1255）　読み人知らず

鴨頭草《つきぐさ》の變《うつろ》ひやすく　思へかも　我が念《も》ふ人の　言《こと》も告《つ》げ来《こ》ぬ（万四　583）　大伴坂家の大娘《おおいらつめ》

（つきぐさ　ツユクサの古名）

露草色という色彩が古来、日本にあった。明るい青紫色を指し月草（つきくさ）、鴨頭草（つきくさ）、搗草（つきくさ）ともいった。

万葉時代にはツユクサを布に摺りつけて青色に染めあげた。

江戸時代には千草色（ちぐさいろ）といって万葉時代の月草色、鴨頭草色、搗草色の代わりに用いられ「花色より薄く、浅葱色よりも濃く、京ではこの色をつきぐさという」とされた。

露草色が褪せやすく、また雨露などにふれるとすぐ流れ落ちやすいので万葉集では「うつろう」「消える」などの言葉の枕詞として使用された。

万葉時代の昔、男性貴族が「思い人」を夜分に訪れ、朝帰りの「衣ぎぬの別れ」時に、朝露に裾の色流れに気をとられて帰るさまを想像してしまう。

（じ）

ドクダミ（毒ダミ）

ドクダミの臭いは好きではないが、日干しをすると臭みは消えいいお茶になる。昔から薬用として使われていた。昔の人々の知恵は大したものだと感心してしまう。（さ）

ナワシロイチゴ

終戦の頃、赤いざらめ（砂糖）が多量に配給になった。まさか何でも甘く煮て食べるわけにはゆかぬ。牧場のそこここには、丁度ナワシロイチゴが真っ赤！　それじゃぁ、ジャムでも作るか、とわが家のジャム作りが始まったのである。

結婚をして子どもが生まれて、子育てと勤めとをなんとか両立させながら、まるで綱渡りの様な生活だったが、休日は全面的に子どもと過ごした。3人の子どもをライトバンに乗せて、出来るだけ郊外に出た。そこでまた懐かしいナワシロイチゴに出会ったのである。

以後、季節になれば数日、イチゴ採りに費やす。ジャム、イチゴ酒、ジュースなどどれも極めて美味しい。この頃は、野生化したブラックベリーのある所を見つけたので、ジャムのレパトリーがまた増えた。でもこれは、すごい刺で武装している上にあまりはっきりした味も無いので、夢中になれない。細かい刺のあるエビガライチゴは、小振りな実を房状に付けて、採り易いし、加熱すると、種が香ばしいので捜し歩く。（さ）

エゾ梅雨の合間に
花期をすぎた いちご(吾家の庭)

【鉛筆(HB)+phys(透明水彩)+Fixative+透明樹脂被膜】

ニチニチソウ

植えた記憶がないのにいつのまにか庭に入り込んで居座ってしまったニチニチソウ。どこから来たのか？

隣家との境の垣根に初夏から秋にかけ咲き続ける。地味だが生命力の旺盛な侵入者。朝に咲き夕刻には萎れ、日替わりに薄紫色の5花弁を咲かせ続ける律義者、それに免じて不法侵入を許してやろうか！　（さ）

今日、国鉄民営化不当労働行為に対し中央労働委員会から和解案が提示された
（水墨＋水彩 '92.5.23）

ネジバナ（捩花）

日あたりのよい野山に次から次へと咲く。ラン科の植物でとても可愛らしい。小さな唇弁の紅い花は捩れながら、先へ先へと花を連ねて咲く。その捩じれの様は、左捲きと右巻きとあってその割合を調べてみたことがある。60本の個体を調べたところ左巻きは6割で残りは右巻きであった。もっと個体数を増やして調べれば左右同率になるだろうと思う。

（さ）

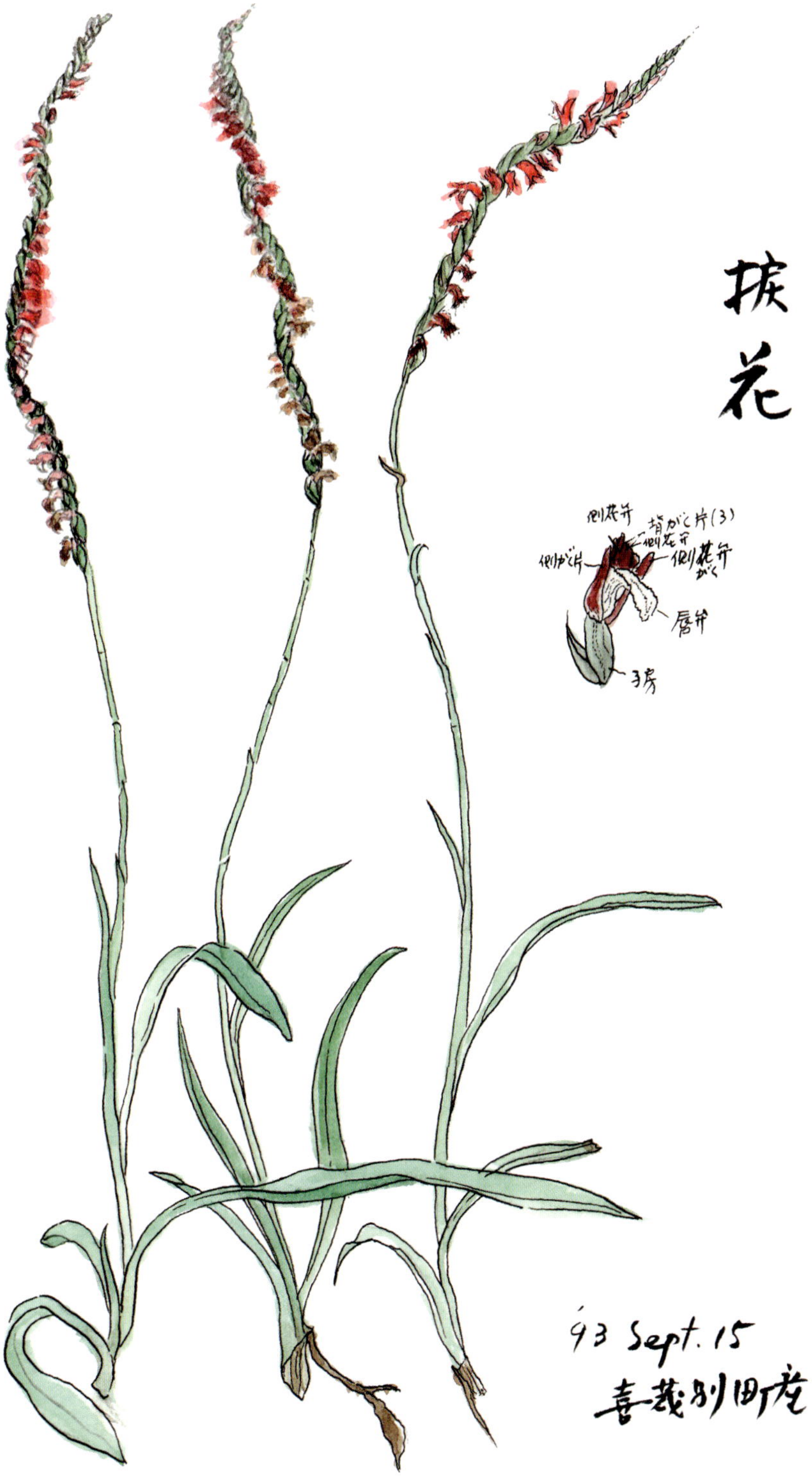

ネムノキ

韓国にパック旅行で遊びに行った。夜も明けやらぬ早朝、宿を抜け出し、昨夕から目をつけていたネムノキのスケッチに出かけた。昨夕は葉は眠りかけていて葉は垂れ下がり始めていたが、雄花は立ち始めていた。

朝4時、雄花は元気で葉も元気に立ち上がっている。チャンスだ。だが、大きな樹木を描くのは楽ではない。結局は花一輪、葉は偶数二回羽状複葉で互生をルーペで覗き見しながら絵筆を運ぶだけになってしまった。

マメ科には珍しく花は蝶形にはならず、筒状で小さい。深紅色の多数の雄蘂は目立ちたがり屋だが、何故か頭を垂れている。

パック団体のみなさんの出発は早い。早々に切り上げたが残念だった思いだけが残った。韓国の国花のムクゲは未完成に終わった。（じ）

ノコギリソウ

知らぬ間に庭に侵入してきた。繁殖力が強い。そのくせ吸水力が弱く摘草をすると葉はすぐ萎れてしまう。

ノコギリソウ（鋸草）とはよくいったものだ。葉は互生し深く切り込んだ鋸葉はさらに細かく鋸歯をもつ、そこから茎を出すが、向日性が強く太陽に向かって捩じれて成長することや二回羽状に裂鋸（複裂鋸）を示す（拡大図）の葉はおもしろい。

キク科のノコギリ属にはセイヨウノコギリソウ、キバナノコギリソウ、エゾノコギリソウなどがあるらしいが私にはよく区別できない。

ここでは西洋タイプ（A. alpina）としておいた。その学名（*Achillea sp*）に示されるように、英雄アキレスがこの草の効用を発見したという伝説から名付けられたそうだが、健胃、発汗、解毒などの漢方薬として今でも重宝されている。（さ）

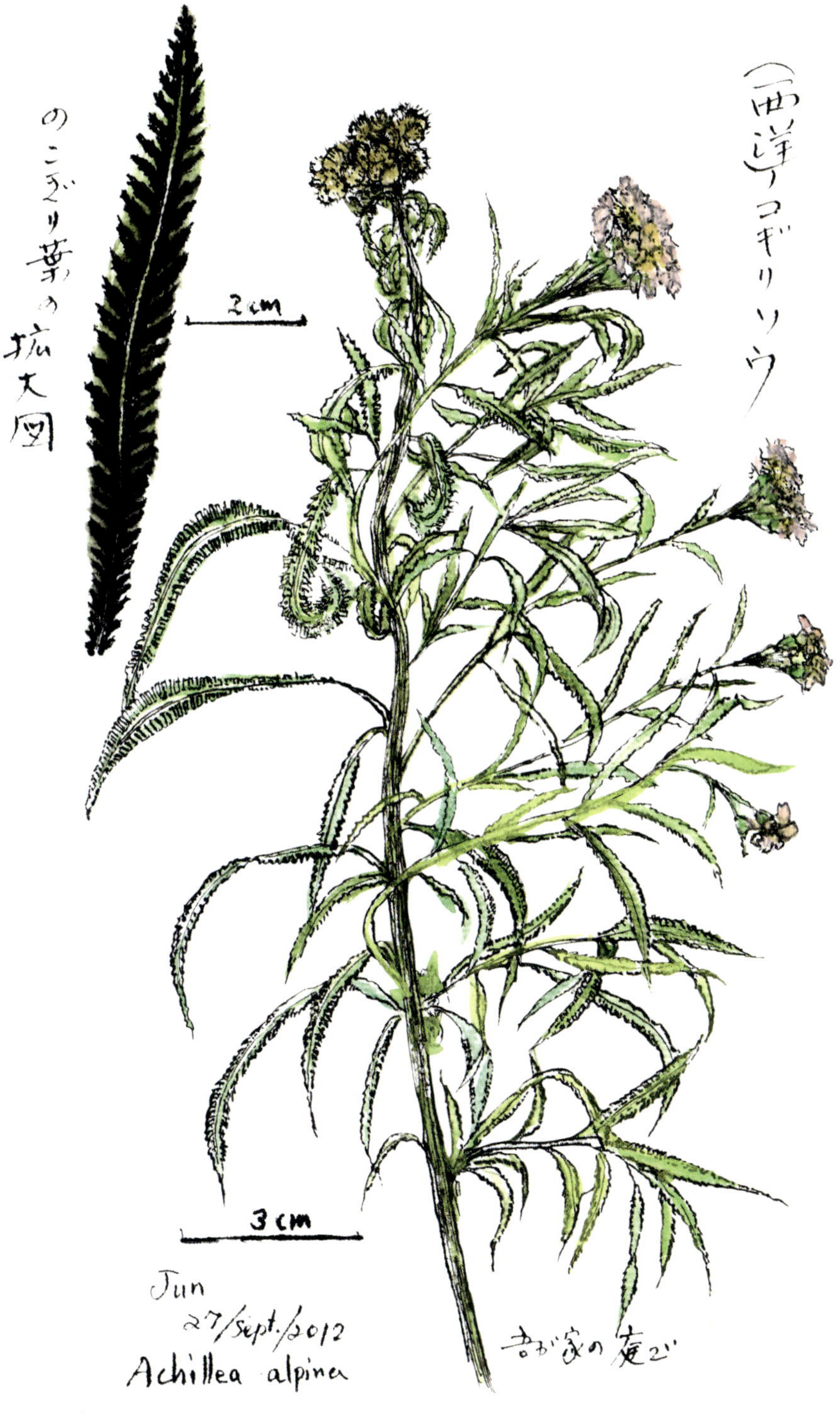

ハイオトギリソウ

8月、北海道の天人峡・旭岳姿見の池に遊んだ。ロープウェイで昇る。終着駅は1600メートル。気温は5度。イワギキョウ、エゾノツガザクラ、アオノツガザクラ、チングルマ、キバナシャクナゲ、チチコクサ、エゾコザクラ、ミヤマリンドウも見事だがみんなガスに濡れそぼって頭を垂れている。

ハイオトギリソウがあった。初めてであった。地味な花だが黄色の小花が愛らしい。

ロープウェイから俯瞰する下界はエゾアカマツやウラジロナナカマド、矮性のチシマササの密生林が霧間に流れる。

高度差による植生の垂直分布と土壌の種類によって植物は群落を創っている、その見事さと自然の機微。実に見事なものだ。

夜半に札幌をたち早暁に高山植物の群落を見る贅沢さ。ありがたいことだと思う。

一日、体の隅々までリフレッシュした。

山よ！　自然よ！　高山植物よ！

ほんとうにありがとう！

（さ）

ヒメヒオウギズイセン

繁殖力が強くいたる所に野生化して繁茂している園芸品種。姫とは「小さい」。という意味でアヤメ科ヒオウギ属なそうだが、ヒオウギズイセンは存在しないからややこしい。ヒオウギは檜扇にその葉の形が類似していることからついた名前だという。葉や茎の形などはアヤメ科を類推させるが花はアヤメ科とはとても思えない。ヒオウギ属に分類した理由は私には判らない。園芸品種はバラを始めとして数限りなく好事家により創作されているが園芸品種はおしなべて私は好きにはなれない。絶滅種が心配される反面、人工的に園芸品種を作る目的は何なのだろうか？　疑問を持たざるを得ない。自然のままの美しさ、自然交配の妙やその生態系を愛でていきたいものだ。

ヒメヒオウギズイセンの花弁は6枚、内弁、外弁それぞれ3枚、雌蕊3ケ、雄蕊3ケある。

ズイセン（水仙）の名も疑問。なぜ水仙なのか？　水仙（ヒガンバナ科スイセン属）のように花の中心に副花冠がない。（じ）

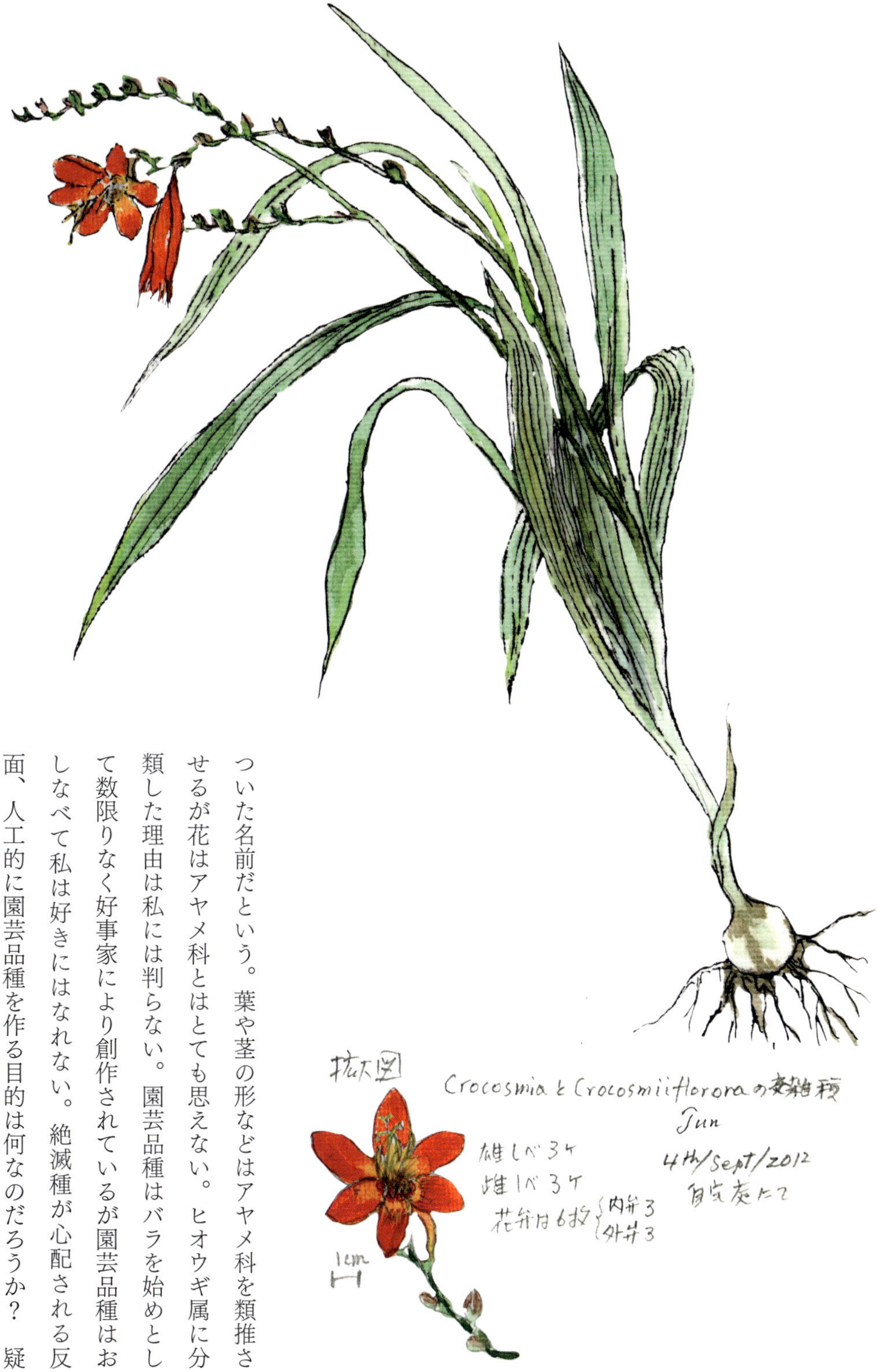

フリージア

フリージア諸島を訪れたのは10月の末。北海特有の寒風吹き荒ぶ中での調査。

ドイツ・オランダ領国にまたがり北海に面して並ぶ。大陸沿岸に並列するこの島弧群は大小数百の島嶼群からなる。小はテニスコート大、大は琵琶湖に匹敵する広さ。ドイツ領を東フリージア、オランダ領を西フリージア諸島と言う。ただし、植物のフリージアとは全く無関係。ただ、島々の並び方がフリージアの花弁の着き方に形態上似ているだけのこと。そっくりだ。うまいネーミングだと思う。

潮汐流が強く、潮度差（干潮と満潮との海水面の差）の大きい、陸域の縁辺部（近海）には沖合いに点続する島嶼が発達することがある。これをラグーン地形と言う（潮汐により砂州や砂嘴が沖合いにでき、それらが連続して外海と隔絶された内海が次第に陸域の河川から供給される砂礫によって埋め尽くされ沼沢地、次いで海岸平野となる。オランダの国土はこのようにしてできた。北海道でも能取湖や野付砂嘴などはこの例）。

フリージア諸島には人は常住していないが、夏季にはヌーディスト達の海水浴場となるそうだ。わたしの行ったのは初冬の頃、残念ながら、スッポンポンさんにはお目にかかれなかった。漁船をチャーターして島嶼を調査して回ったが、船底を擦る砂流の不気味な音も忘れられないが、船頭の「昨日まであった島が一夜明けて忽然と無くなり、今日の小さな島が明日には何倍にも大きくなる。だから海図は作れないし、この海は船頭泣かせだよなァ」のつぶやきはあれから40年たった今でも鮮明に覚えている。

（じ）

J
'94.3.20

ブルーベリ

我が家には2種のブルーベリがある。一つは7月から、他は9月から、延べ4ヶ月も収穫できる品種。今年は本当によく実った。6月のハスカップと併せて半年もの間、収穫を楽しんだ。風雨に弱く完熟したものは一夜で地上に落果する。たちまちのうちに蟻の群団が集結し食い尽してしまう。こんな旨い健康に良いものをアリ如きにやってなるものか！　毎日がアリとの競争だ。

　完熟したもの、半熟のもの、色とりどりのものを掌に集め頬張る。色んな味がミックスして実に旨い。ジャムにすると市販のジャムなど目ではない。至福である。　（さ）

ブルーベル

Blue Bell (吾家)
9th June
吾家のハスキー犬の名は
その色(目)に因んで
ブルーベルと云う

家を持つとすぐに、長い間の希望だった秋田犬を飼った。子ども達は当時はやっていたテレビ漫画から犬の名前を付けた、カラベである。おっとりしていて、どんな犬とも争わなかったカラベは、あまり犬の飼い方を知らない主人に良く懐いて、一生を終わった。

もう生き物は飼わないと言う家族の反対を押し切って友達の獣医さんから子犬を探してもらった。これがまた、愛嬌の良い極め付きのお人好しで、一家の愛情を集めた雑種犬ゴンタである。あまりにも愛らしい犬なので、今度は何か変わった犬も欲しくなって獣医さんに相談して買ったのがハスキー犬である。チョコレート色と、白の斑模様の顔はまるで歌舞伎の「助六」のよう。日差しの中ではブルーの瞳は、どういう訳か夜の光の中では燃える炭火の様である。私は彼女にブルーベルと名付けた。

記念に植えたブルーベルは、彼女の住まいの周りで増えた。スイセンも、クロッカスも、ヒヤシンスも咲き終わった晩春にうつむいて咲く青い花房は妖精達が踊っているようだ。

相棒殿は、長い間、私がブルーベリを誤ってブルーベルと呼んでいると思っていたらしいが、花を見て納得してくれた。ハスキー犬ブルーベルはお婆さんになってしまったが、花のブルーベルはますます元気である。

（さ）

マーガレット

園芸種のフランスギクとは区別がつかないが、茎の下部が木質化するのがマーガレットの特徴らしい。だから和名を木春菊と言う。私の好きな花のひとつだ。

寒さには滅法弱く、道理でカナリヤ諸島原産とか。温室栽培の「お嬢様」だがなぜかわが家の庭に野生化して住みついていた。それも耐寒性のないためか数年を経ずして枯死してしまった。（さ）

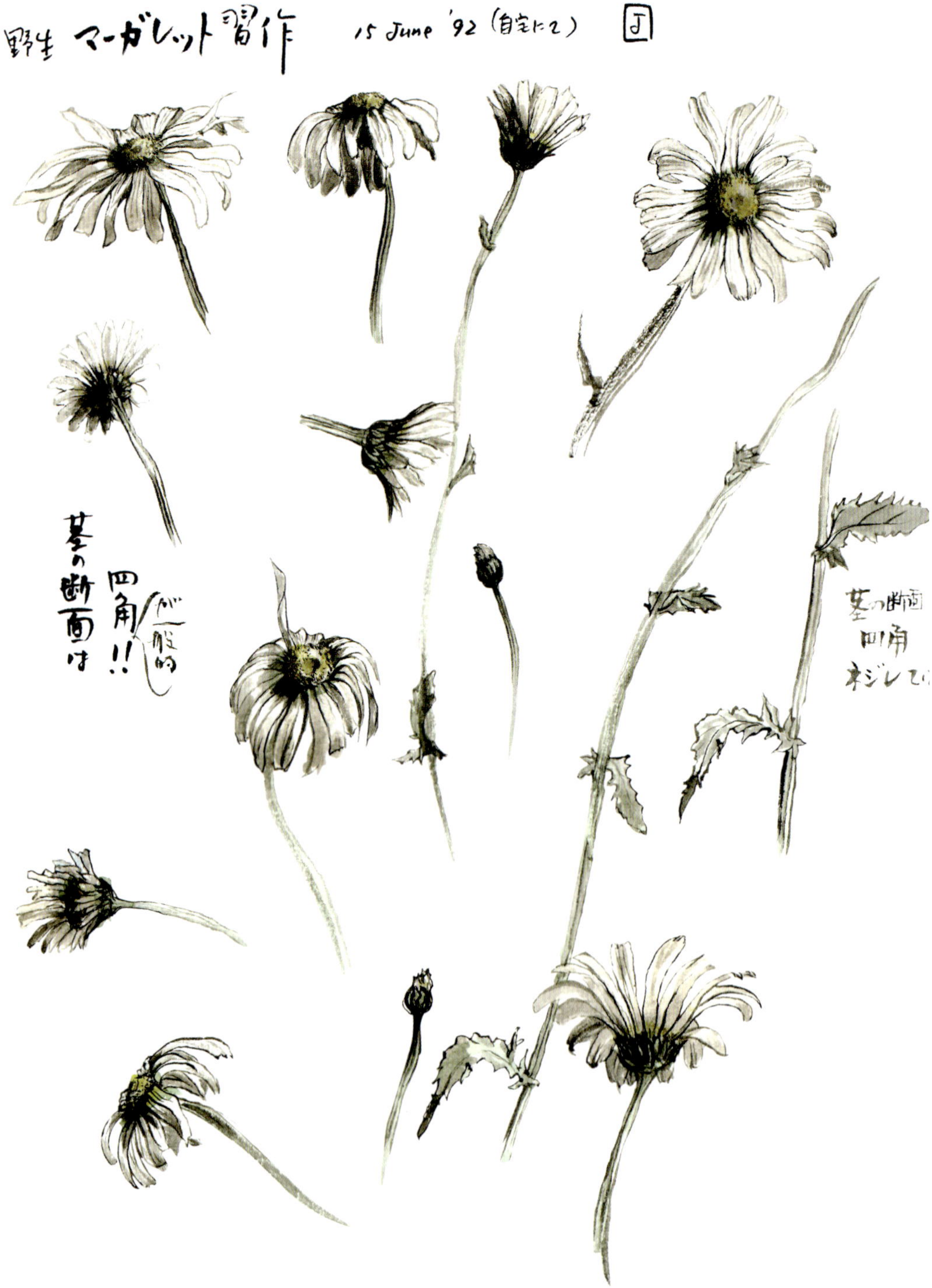

ミズヒキ

かつてはどこにでも見られたミズヒキにめったにお目にかかれなくなってしまった昨今。

つい二、三日前、ご近所のお宅の庭先でこれを見つけた。まだ夜は明けきっていなかったのでお宅の人はまだ起きだしてはいない。仕方がないので家に戻り幸子さんを連れ出し確認して貰った。しかし暗いからよく見えないとか言い訳がましい。きっと知らないのだろうと忖度した。毎週あれだけ山野を徘徊する彼女にしてもなかなか見られなくなってしまったミズヒキ。

穂の並び方（花序）を熨斗《のし》袋の「水引」に見立てたとか。実物を観察すればする程よいネーミングだナ、と感心してしまう。

花弁はない。小さい花なので注意を引かないが、虫メガネでのぞくとなかなかの美人で愛らしい。

タデ科にはミズヒキにしろ、ソバ、ミゾソバ、イヌタデなどなかなか面白いものが多い。「蓼食う虫も好き好き」というところか。　（じ）

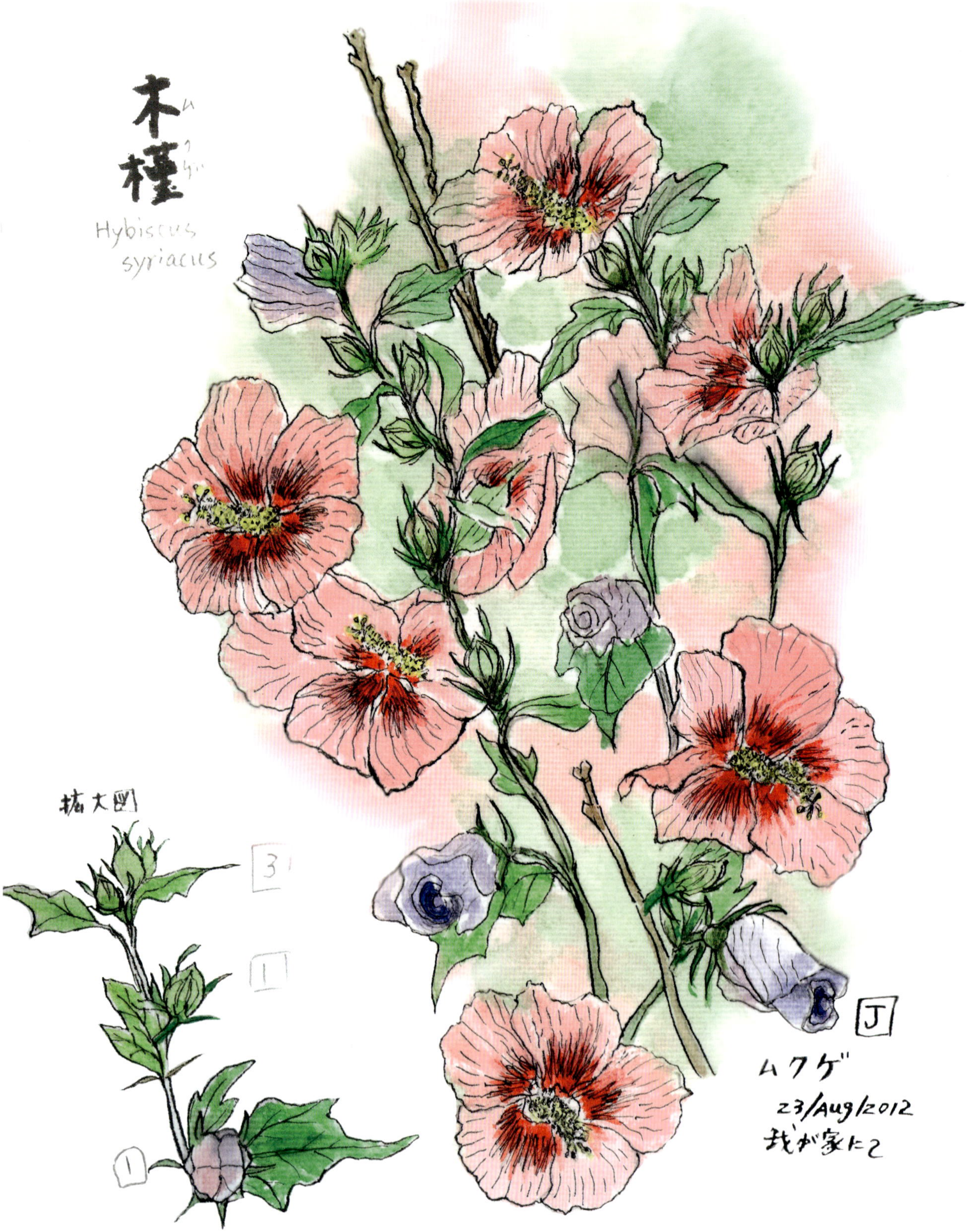
木槿《ムクゲ》
Hybiscus syriacus
拡大図
3
1
1
J
ムクゲ
23/Aug/2012
我が家にて

ムクゲ

今はあまり植え込まれていないが一昔まえには垣根の木としてよく見かけた。芙蓉あるいはアオイとして覚えていたが、正確にはフヨウ属ムクゲだという。韓国では無窮花（ムグンファ）と言い国花としているそうだ。

庭先で見ると実に地味だが、観察・スケッチしてみると実に派手な色彩を帯びている。我が家のムクゲは紅紫色と白色の花の2種しかないが園芸種のフヨウ属には色々な色彩のものがあるようだ。

一日花で朝に開花し夕刻には萎んでしまうものが多いようだ。また、蕾の色と開花時とでは変色するし朝と夕刻では遷色するものもある。スイフヨウ（酔芙蓉）など朝は白、昼はピンク、夕刻には紅色と変化し、これを酒酔いに見立てたという。

韓国旅行で未完成だった彼の国の国花の描写をやっとわが家の庭で果たした。（じ）

ヤチブキ

初夏の渓流や谷地を彩る山菜の一つ。冷たい流水や泥水地に足を踏み入れて採るヤチブキは金色の5～7枚の萼片色と新緑の葉色のコントラストが目に沁みる。花弁と思っている人が多いが萼なそうだ。茎が直立し、黄金色の花をつけるのでリュウキンカ（立金花）という学名を、そして北海道産の大型のものにエゾノリュウキンカと命名したそうだが、北海道ではヤチブキと言う。

水に晒し、おひたしにして食べておいしい。フキ（キク科）とは異なる種（キンポウゲ科）なのに、なぜか道産子は親しみをこめてヤチブキ（谷地葺）と素敵な名で呼ぶ。味は全く異なるのに。

（さ）

ヤマボウシ

山法師と書くという。最初は「ヤマ帽子」だと思っていた。ものの本によれば山一面に白い花で満つる様からだという。法師は見たことがないがなぜこんな名称をつけたのだろうか。ミスネーミングだとしか思えないが……

札幌の藻岩山でも見られる樹高15メートル前後の緑鮮やかな葉・樹間に4つの白い総苞片が目立つ。花期は6月。苞片のその中心に小さな花が球状につく。

見たこともなく絵だけで知る法師は荒々しい（?）が、こちらはむしろ清楚だ。（さ）

ラベンダー

ラベンダーといえば中富良野の観光畑が有名だが、庭のどこかそこかに少しの空き地を見つけては花開く。

北ノ沢の原野に住み始めたころラベンダーの花群れがあった。そういえば、ここは昔ハッタリベツと言い、山鼻「屯田兵」が入植していた所だ。その当時の花が野生化したものだろうか？

その後裔を移植したのがいま我が家の庭を彩っている。

（さ）

秋【花だより】16種

北大銀杏並木（北12条）（水彩 '93 10. 27）

イタヤカエデとサトウカエデ

シラカバもそうだがイタヤカエデの幹に聴診器をあててみるとザァーザァーとすごい音、樹液の駆け上がる音だ。聴診器は酪農家の必需品だ。

小学生の頃、この樹液を集めて煮詰めて供出するのが慣例となっていた。

集団で集めて「軍隊」に供出させられたのだ。少しばかり取り分けて舐めるととても甘い。子どもたちの楽しみだった。

収穫が少ないと「兵隊さんに申し訳ないと思わないか？」と叱られた。

ひどい時代だったと思う。

（さ）

カエデ

北海道大学の文系ローンに数本のサトウカエデがある。4月初め。前年の落ち葉を拾い上げ仔細に観察したが、頭上のカエデの若木を見落としてしまった。どんな花が咲いていたものか、［木を見て森を見ず］の譬えにもならず「葉を見て木を見ず」か、しゃれにもならない。　（水彩 '92.4.7）

イチヰ（オンコ）

田舎の家の玄関の脇にオンコの木があった。実が赤く実る頃になると、きょうだい6人、みんなオンコの木に取り付く。高い高いオンコの木に6人の子どもが鈴なりになる。戦争中におやつなどは手に入らない頃のことである。オンコの実は甘くて美味しいおやつ。一度にたくさん口に含んでは、舌で押しつぶし、種はフイフイフィ、飛ばす。とろりとした甘さがひろがる。

―のりたい！　のりたい！―

と木の下で地団駄を踏んで小さな妹を枝の上に押し上げて小さな手に赤い実をのせて

―かじっちゃだめよ―

と言ってきかせる。

―うんこの実！―

と誰かが言うと、みんなでうんこの実！　うんこの実！とはやしたてる。

楽しかった日々。

（さ）

イチヰの年輪

恵庭に住む義弟から枯死したイチヰの切り株の一部をもらった。幹元であろうその切断片の樹径はなんと30センチもある。半ば朽ち果て濃褐色～紫茶色を呈し、何とも言えない気品がある。

さっそく年輪を数えてみる。3回繰り返し数えた。いずれも390前後だ。前後に10年の誤差を考えても380～400年の樹齢となる。樹幹の半径は15センチだから単純計算でも1年に平均0・375ミリ、3年でタッタ1ミリにしかならない。恐ろしく成長速度が遅いがそれだけにかえってその刻んできた年輪の重みに尊敬すら感じてしまう。

400年前というと、1600年が関ヶ原の戦い、1603年が徳川幕府の成立だからこのイチヰはおよそ同世代ということになる。

北海道の歴史は断片的にしか記録されていないので比較するものがないが、例えばシャクシャインの乱は1669年。だから、このイチヰ樹は侵略者の和人とそれに抵抗したアイヌ民族の戦いの喚声を聞いていたことになる。

こんなことをとりとめもなく考えながら改めて年輪を見直してみる。

樹中心核から樹皮に向け直線を引き、その線に沿って年輪の一枚一枚の厚さを見ると、均等な厚さとはなっていない。狭いところもあれば幅広いところもあるのに気がつく。

これには二つの問題があるように思う。樹中心核に近い年輪ほど厚く表皮に近づくにつれ狭くなるということ、別の言い方をすれば幼少期の年輪ほど成長速度が速く壮老期のものほど遅いということ、第二におよそ10～20年単位でまとまって狭かったり幅広だったりし、この様を何回も繰り返していることだ。

年輪の成長速度を規定する要素は様々あるであろうが、第一の点はよく理解できる。何であれ若い時は元気がよいのだから。第二の点についてはかなり問題があるようだが気候（気温）の影響があるようだ。つまり冷夏の年には生長速度が遅く（薄い）猛暑の夏には速い（厚い）訳だ。しかも冷夏と猛暑夏が10～20年単位で続き、これを400年間に何回か繰り返した。その記録が年輪の濃淡に現れていると言えるのではないか。

天保の大飢饉時の冷夏もここに記録されているに違いがない、などとあらぬことを考えたり……

太陽の黒点活動の盛衰（周期は約11年）が地球の地表面温度に密接に関係するという説が有力だ。だとすれば、年輪の濃淡（薄厚）10～20年単位は太陽の黒点活動の盛衰の表れかもしれない。

人作り（教育）は50年、森林作りは100年という。人の歴史がそうであるように樹木の年輪も多くの歴史を物語っているように私には思えてならない。

いつかは屋久島の縄文杉に接してみたいものだ。（じ）

年輪
水墨画用半紙(小竹)
+接着エナメル+アイロン
+青墨+透明水彩
Oct. 28, '93
自宅にて

ウルシ

ウルシ！　それは私にとっては鬼門だ！

国民学校（現在の小学校）の時、近所のガキどもとチャンバラごっこをして遊んだ。刀は手近に生えてるウルシの木。その生皮を剥ぎとると汁がでる、その「抜き身」でチャンバラをやるのだ。切る方も切られる方もその晩から「ウルシかぶれ」に苦しむことになる。

宮本武蔵や荒木又衛門を気取っていた私は二刀流で獅子奮迅の活躍をしたものだ。結果はてき面、顔はおろか全身がウルシかぶれで登校する。ガキどもはみんな同じ症状。

1週間たっても治るどころかますます顔は膨れあがり股間もひどく歩くことさえできない状態となる。親父は町医者に相談したところ、「松葉を風呂に入れて浴せ」なるご宣託。いい加減なものだ。かぶれに風呂！　顔は決して誇張ではないが、2倍にも膨れ上がり頤（おとがい）から汁が

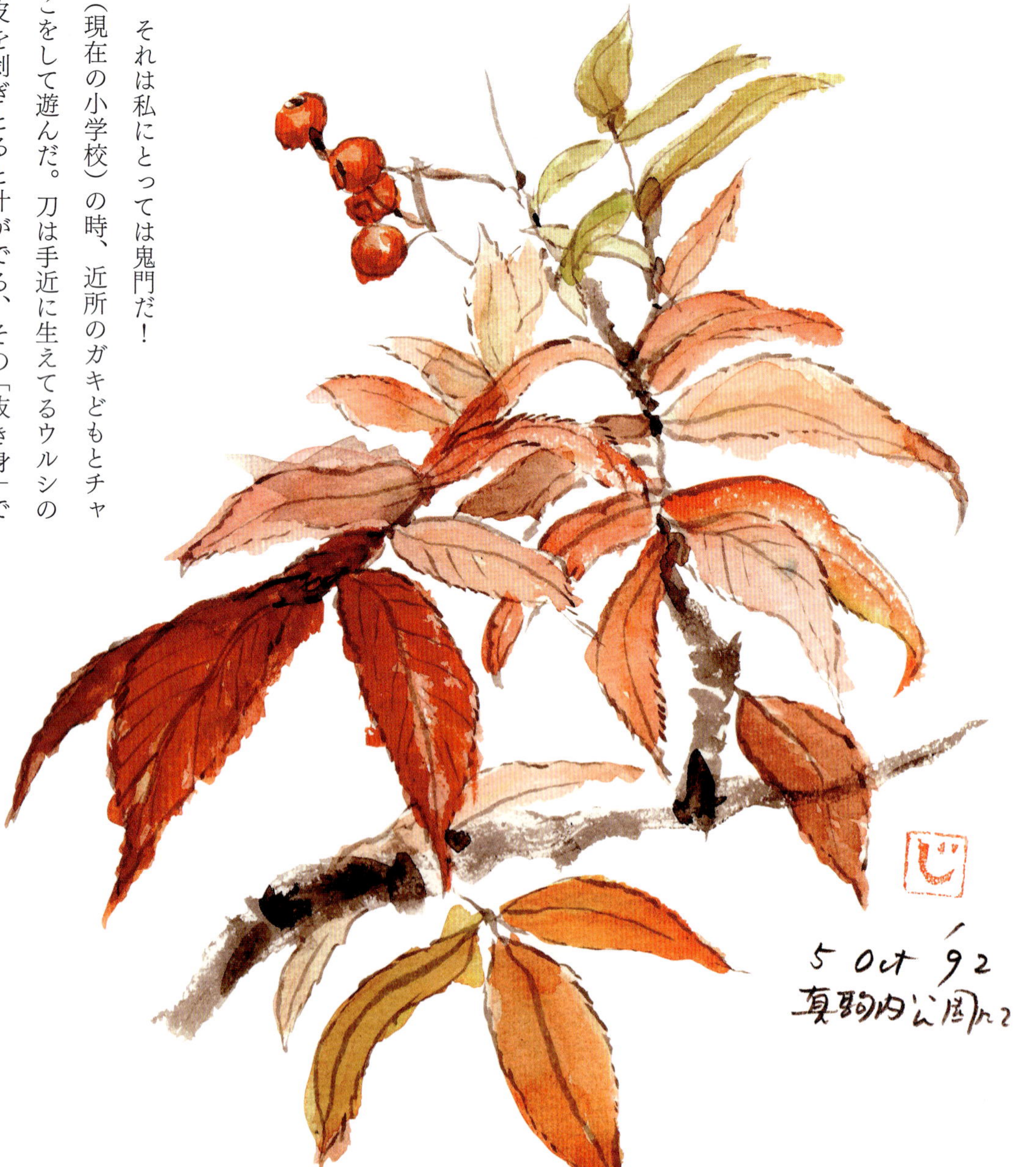

ツララの如く垂れしたたる症状となる。加療すること4ヶ月、秋風の吹く頃やっと正常の顔となった。ひどい目にあったものだ。ただそこは昔風のガキ、一日たりとも学校を休んだことはない。

そのせいかどうかそれ以降はウルシかぶれになったことはない。ウルシかぶれにも免疫というのがあるのだろうか？　成人してから地質屋として山野を跋渉したがウルシを身体に擦りつけてもなんともなかった。ガキ時代のやんちゃが役に立ったことを感謝した。

ウルシの秋は実に美しい。カエデの木とともに、木ウルシの種類、生育場所、経日変化その変幻自在の色に魅せられる。ガキ時代のあのやんちゃの授業料がいま還元されているのかと思う。

（じ）

札幌市南区白川にて：水彩 '92.10.12

カキ

生家の裏隣の農家に大きなカキの木があった。畑の一部を借地して私の祖父が家を建てたものらしい。地代は現金ではなくトイレから出る糞尿であった。のんびりしたおおらかな戦前・戦中・戦後の「よき時代」であった。向こう三軒両隣、みんな仲良く肩を寄せ合って暮らしていた。でも月末ともなると丸一日、汲み取り時の悪臭に悩まされたものだった。

大きな大きなカキ（柿の木）がわが家の屋根越しに張り出していた。秋ともなると熟柿がぼたぼたトタン屋根に鳴り響きこっちの空き地に貯まりこんでいた。どんな不作の時でも数10ケ、豊作の年では二、三百ケも採れた。のんびりしたもので隣から引き取りに来たこともないし、返しに行った覚えもない。

ただし、このカキはシブガキ（渋柿）で子どもたちの空腹を満たす即戦力としては役立たなかった。干し柿にするか、大人たちは焼酎漬けの一斗樽を何個も作って正月用に準備していた。

おせち料理に添えられた大根と人参のみじん切りの「酢の物」に添えられた干し柿は美味しかったが、渋を抜いた焼酎漬け熟柿は子どもの口には入らなかった。大人は顔を赤くしながら頬ばっていた。

一度だけ私は氷の張った樽から盗み食いをしたことがあった。あまりの美味しさに何個も食べて酔っぱらってしまって腰を抜かし親に叱られた。「この子は大酒飲みになるよ」と笑われた。後世畏るべし、その通りになってしまった。（じ）

カラマツ（唐松・落葉松）

新緑も秋の黄葉も美しい日本特産の唯一の落葉針葉樹。秋になると樹林の床土は落葉で埋め尽くされ他の植生の侵入を許さない。必ずといってよいほどラクヨウキノコが落ち葉の間から顔を出している。

カラマツ樹林は遠景からでもその特徴のある樹形から容易に判断できるからキノコを採りたければ狙いをつけて近づいて行けばよい。

（さ）

ラクヨウキノコ

クルミ

クルミの芽生えは、面白い。まるで私のような面倒くさがり屋が雑巾を干したよう。ある日、突然ぐしゃっと枝の先に広がる。それから、ふらりふらりとブウケのリボンのような花房が下がる。春の谷間はブウケでいっぱい。山菜採りのシーズンになってわくわくしながらの山歩きを、沢山のブウケで祝ってくれる、春の喜びの木。

家を建てた時、2人、植木市でクルミの木を買った。だがなんとしたことか、大きくなってあふれるように稔った実は、ハンマーで叩かねば割れない沢グルミ。しかし、2匹のりすのようなクルミ好きは懲りずに実生の菓子クルミをたくさん植えた。たわわに実をつけた。カラスの好物だなんて思いもよらなかったが果皮の割れる頃になるといつも襲撃され全量の半分は持っていかれた。

ハスキー犬3匹もこれが大好きで頭上から落ちてくる実

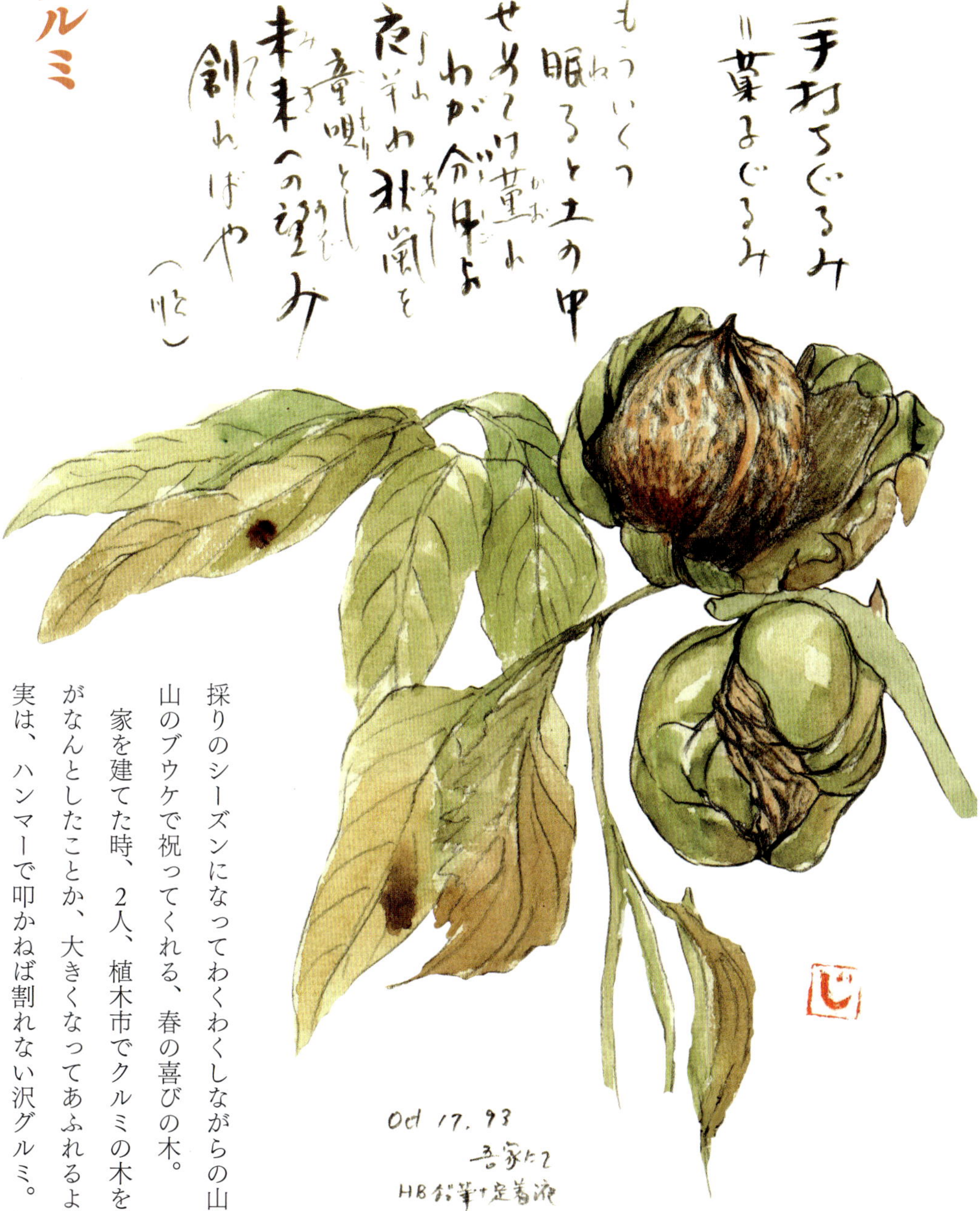

を割っては食べていた。母犬のベルはある時、食べ過ぎて苦しみ出し、病院に担ぎ込まれたがお腹がパンパンに膨らんで死んでしまった。2腹目のムートンも3腹目のチビ白も死んだ。あまりの悲しさにクルミの木は全部切り倒してもらった、今はクルミの木は1本もない。今でも彼女らを本当にかわいそうに思う。（さ）

菓子くるみの雌しべと雄しべ

(吾家)
92. 5. 29 じ

左：沢ぐるみ
右：オニぐるみ

じ

Oct. 23, 93
吾家にて
HB鉛筆＋定着液

シクラメン（カガリビバナ・篝火花）

露地ものでは見たことはないが秋から冬にかけての鉢物として園芸店の店頭にずらりと並べている。花の少ない冬季の室内の花として人気があるそうだ。ピンク、赤、白、パステルカラーなど実に様々な色彩のものがあるが滅法寒さには弱い。道理で原生地は地中海なそうでなるほどと納得したがそのくせ高温多湿にも弱い。やはり地中海型気候に適しているのだろう。夏は休眠し秋から翌年の春にかけて生育する、手間暇のかかる園芸品だ。5枚の花弁はそっくりかえっているが花自体はなぜかうつむいている。葉には濃淡の模様がある。（さ）

Cyclamen persicum

ショウジョウボク

戸口に少女の一団が立つ。どの家も玄関口にろうそくを灯し、手作りのクッキーを用意しこれを迎える。街には4日前のノーベル授賞式典の余韻がまだ残っているようだ。13日はセント・ルシア祭。太陽が沈み去ってすでに2ヶ月、あと3ヶ月は暗黒の日々が続く。沈みきった太陽の光と温もりを渇仰し、北国の人びとはただひたすら太陽神アポロの出現を待ち続ける。春分そしてイースタ祭（復活祭）まであと幾日？

ろうそくの冠をつけ、ろうそくとポインセチアの一輪を両手に光と美の女神の使者は讃美歌を歌いながら街並みを練り歩く。頭髪の亜麻色、白衣の白、一輪の花の朱色が灯し火に照り映え雪の闇に溶け込む。

この日、この国では少女の数だけ光の乱舞が交錯する。旬日でクリスマス。

わが国ではこのポインセチアの花をショウジョウボク（猩々木）という。　（じ）

ススキ

ご存じ、秋の七草の一つだがその花穂の様が獣の尻尾に似ていることから「尾花」とも言うそうだ。月見とススキの取り合わせは日本人のこよなく自然を愛でる情感で万葉植物にも出てくる。だが、これに飽き足らず「枯れる」という風景を添える。「枯れススキ」とは**船頭小唄**の「俺は河原の枯れ薄、同じお前も枯れ薄……」、野口雨情詞・中山晋平作曲の歌謡だが、「狐火燃えつくすばかりの枯れ尾花（蕪村）」「枯尾華（宝井其角編）」の芭蕉翁終焉記などの俳句道でも多用される。

ススキや枯れススキさらには「枯れる」は**侘び・寂び**に共鳴するものがありそうだ。

万葉植物にはある研究者によると157種の植物が取り上げられているという。屋根ふき材料やござ、蓑、笊など生活必需品をつうじて侘び寂びの境地、また、宋・明伝来の水墨画から独自に発展した「枯れ山水（涸山水）」の画道の境地に到達した。

「日本人とススキ、枯れと侘び・寂び」。なかなか味わい深いものを感ずる。（じ）

越冬した春の枯れススキ（藻岩山麓）

ツタウルシ

春先から秋の終わりまで、いつもこの植物に脅かされている。特に春先は、ほんの少し触っても、必ずかぶれてしまう。小さな水泡がぷちぷちと触ったなりにできて、つぶれて汁が出ると、その汁でまたかぶれる。痒くて手に負えない。それなのに春の林床は、どこもこの植物にすっかり覆われている。

芽生えは、ちょっと、ちょっとと、手招きしているような形に折り畳まれた小さなつぼみ。とてもそんないたずら者には見えない。夏は3つ葉の優し気な蔓を延ばして、時には木々の幹を、しっかり伝わって登る。めったに花にはお目にかからないが、秋にはまだ他の植物が、深い緑色をしているというのに、ある日突然ハッと驚くような黄色まじりの朱紅色に染まる。木に巻き付いて変身した姿は、まるで、金襴緞子の十二単衣だ。（さ）

札幌市南区盤渓にて：水彩 '92.10.15

ツルウメモドキ

晩秋。すべての木の葉が舞い降りてしまった林に一際賑やかな飾り付けをする。濃い黄色と、赤い実。手当たり次第に絡み付き、どんな所でも良いから目立ちたい。もちろん目立ちたい相手は秋の渡り鳥、排泄糞と一緒に植えてもらいたいから。

でも、食べることはしないけれど、賑やかなこの蔓が好きな人種もいる。　（さ）

ドウダンツツジ

恵庭の家の応接間の窓の下に、立派なドウダンツツジがあった。立派なのだと判ったのは、ずっと大人になってからで、子どもの頃には、小さな壷形の地味な花を付ける潅木にこだわる大人の気が知れなかった。

秋の燃えるような赤は、沢山の秋の楽しみに紛れて気が付かなかったのである。

ある時、突然生垣が燃え上がる。芝生も木立も炎に囲まれたようになる。そんな家を見かけた時、このツツジの良さを再確認することになる。

家を建てた時、真っ先に2人で植えた物の一つがドウダンツツジ。でも、何故かきれいに生え揃うことはなかった。

今でもクルミの木の下で細々と花を咲かせ、秋には疎らな紅葉となる。それでもいつかは、ハーブ畑と芝生の間を区切る鮮やかな生垣となるのを夢見ている。

（さ）

自宅にて：水彩 '92.10.26

トリカブト

キノコの季節。山を歩けば必ず森の中で出会う、高貴なたたずまいで花開く。しいんと静まりかえった、少し暗い山道で気品のある青紫色の花をレースの様に広げる。神々しいほどだ。猛毒だなんてとても信じられない。

花は次つぎに開くけれど、一つひとつの花は花期が短い。はらはらと敷き詰められた花びらも美しい。いかにも秋らしい儚さである。

アイヌの古老が語ってくれるところでは、この植物の根を叩いて汁を絞り、煮詰めたものをやじりや、槍先につけて熊や鹿を捕ったそうである。ブシとか、ブスと言う。そういえば、毒物を詐った狂言にぶすというのがあったっけ。ぶすが何を指すのか、みんなが知っての上での話なのだから、トリカブトを猟に使うのは大和の文化にも共通していたのだろう。

（さ）

ナナカマド（実）

引っ越してきた時、お隣の小長谷さんから沢山のナナカマドの苗木をいただいた。小鳥が来るのが楽しみで家の周りに植えたのだが、今では一本しか残っていない。いろいろなものを植えすぎたのだ。

ナナカマドの紅葉は、北海道の秋の色。まだ日差しの強い夏の終わりに、せっかちな紅い一刷毛、緑の茂みの中の房が風に乗ってゆれ始める。汗をかきかき、秋だ！と思うとまもなくキノコの季節になる。

雪虫が飛び始めて、初霜が降りる頃、ナナカマドは炎の柱のようになる。燃え立つ紅い柱は少しずつ個性を主張して、炎の色が異なる。札幌にはナナカマドの並木が多い。道の両側をたいまつのように燃え立つ並木は、主婦達に漬物の季節が来たことを知らせる。

そして間もなく、木枯らしの一吹きが、すべての葉を払い落とし、梢には、珊瑚より紅い実が冬鳥の到来を待つのだ。

（さ）

寒中の赤い実（墨＋水彩 '94.1.17）

ホオズキ

真っ赤なホオズキ。おもちゃの少ない昔は女の子の大事なおもちゃだった。まるい実を気長に揉んでそおっとそおっと回す。ほろ苦く微かに甘い汁がこぼれて、やがて果皮だけを取り残すことができる。もちろん失敗も多い。やっとの思いで柔らかになった口の裂けてしまった実を何度嘆いたことか。

ホオズキの果皮は前歯の間でそっとつぶす。ぎーーーぎーーーぎーーー

ただそれだけの単純な音を出すだけなのだが始めると際限も無く口を動かす。

かばんの中にこっそり潜めて学校に持っていく。おはじきと交換したり、お手玉の中に入れる小豆と取り替えたりした。

（さ）

エゾリンドウ

北海道の荒れた原野なら、どこにでも咲いている。深い藍色を帯びた花が咲くのは、もう野には花の少なくなった時期で、それは霜の降りそうな冷たい朝の空気を一層冷たく感じさせる。

十勝平野の一角、父母が住んでいた牧場には、丘の上に小さな小屋があった。

「りんどう荘」と呼んだ。

丘の下の住まいから、大声で呼べば声の届く所にあり、夏の間、次々と訪れる友人たちを収容するために作られていた。

山が好きだった父母の好みで、丸太の手すりが付いた広いベランダからは、日高連山と牧場全体が見渡せた。小屋は広いホール、蚕棚のような中二階。手洗いも外、水周りも家の裏手の澤地という、生活するのには便利ではない小屋だが、中は広々として子ども達のよい遊び場だった。

小屋の周りには様々な花が咲いた。しんがりがリンドウ。家族だけの、静かな山小屋のお月見には咲き乱れるリンドウの花があった。母が畑地に代わる原野の花を惜しんで小屋の周辺に植え寄せていた。

ご馳走を持ってゆるい坂道を上り、普段は小屋の中にあるテーブルと椅子を持ち出す。ランプを灯す。ほんの400メートルばかりの移動なのだが子ども達は期待に胸を膨らます。

「いい子でいらっしゃいよ」「おいたは、だめですよ」「お月さまの歌を唄いましょう」

将来、私たち家族が出会う自衛隊との恐ろしい闘いや苦労をまだ知る由もない頃の、優しい母の声。

リンドウが咲いていた。リンドウがいっぱい咲いていた。


（さ）

ハルリンドウ（春竜胆）

輝く青い星のよう　5月の青い空のよう
明るい春の草原で　お日様向いて笑っている
小さな小さな春の花
牧場に若草萌える頃　雲雀が空で歌う頃
駆ける子馬の足元に　青く輝く星々は
丘一面に広がった
遥かな遥かなその昔　春のお山で母さんに
教えてもらった空の色
2人で摘んだ青い星　遠い昔が懐かしい
お日様西に傾けば　きりりと閉じる花つぼみ
あんなに青く光ってた　空のかけらはもう見えません

（さ）

エゾリンドウ
（我が家にて。水彩 '95.10.8）

【花だより】木 その他24種

赤松と紅（黄）葉
ストックホルム市Haga公園
（黒墨＋クレパス）

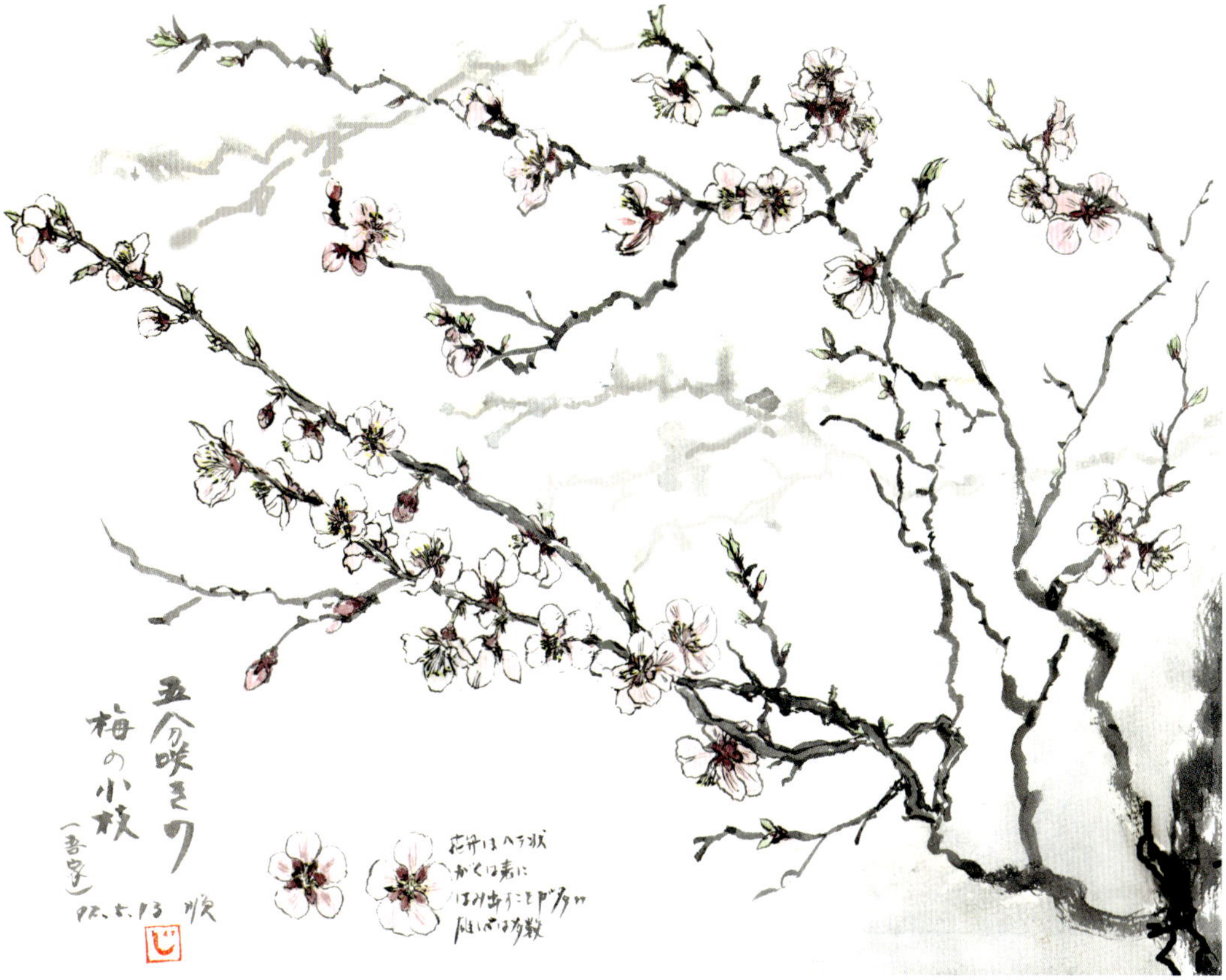

ウメ

ウメとスモモ・アンズの区別が私にはできない。

40年前に家を建てた時、隣家の八重樫さんがウメの古木をお祝儀だと言って根回しをして掘り起こし持ってきてくれた。値段を聞いたがなかなか言わない。とうとう10万円と言った。当時としてずいぶん高価だと思ったが折角の好意、ともかく支払った。翌春には花は咲かず、その次の春に開花し初夏に結実した。食してみたら、アンズあるいはスモモだった。悔しいのでそれ以後それを「ウメの木」と考えることにした。以後、それは古木にも関わらず回春し、開花・結実を繰り返したが、リンゴと菓子クルミやコブシ・シラカバの木々の成長に陽光を奪われ、10年足らずで大往生を遂げた。遺体は薪にされ「燻製」用の薫材として重宝され一生を終えた。

北海道大学理学部の中庭に2本のウメの巨木があった。初夏の候、採実の行事が毎年繰り返され、理学部の教職員はその豊作を感謝しその贈物を家に持ち帰るのが常であった。それはウメではなくアンズとのかけあわせた交雑種であった。植物学教室の教師が言うのだから間違いはないのだろうが、味覚がそれを語っていた。あの交雑種の「ウメ」は今も健在なのだろうか。（さ・じ）

キイチゴ

バラ科キイチゴ属には種類も多く名前も様々で私ら素人には繁雑に過ぎる。花期も春~夏、結実も春~初秋と多様だ。そんな分類学上のことは学者に任せておけ、どうでもよいことだ。

私どもは絵になるもの、食べられるもので区別することにしている。

絵のキイチゴは原野のどこにでも生育しているもの。収穫してイチゴジャムを大量に作る、主婦にはとても馴染み深いイチゴだ。

絵のキイチゴは石狩平野産のもの。

（さ・じ）

ケシ（ポピー）和名：罌粟

園芸種の野生化したケシが庭に一輪咲いていた。ケシ属（*Papaver*）には鬼罌粟、雛罌粟、シベリア罌粟、ナガミ罌粟などがあるらしいがいずれのものか私にはわからない。

花は春だが描いたのは7月初め。「ケシ粒のよう」な小さな種子が結実していた。ハハーン！　これが「ケシ粒」の語源か！　納得した。

ケシ粒も若葉も食べられる。でも日本の法律では栽培が禁じられているが、未熟な実を傷つけ浸出する乳液からアヘンを作るという。愛らしい花だが少し怖い気もする。（さ）

コチョウラン

ラン科の植物はなぜか愛好者が多い。その貴重さ（希少性）によるものらしい。コチョウランもそうだったがバイオテクノロジーの応用で大量に生産されるようになって、今は少し下火になったとはいえ、いちじは大変な流行になったことがある。

近所の園芸店に行った時よく観察したが自然の原野で一輪だけ見つけたら美しいと思うだろうが、店頭にこうも多く並べ立てられると「造花ぽくって」あまり好きになれそうもない。やはり花は林間や原野でじっくり見るに限る。（さ）

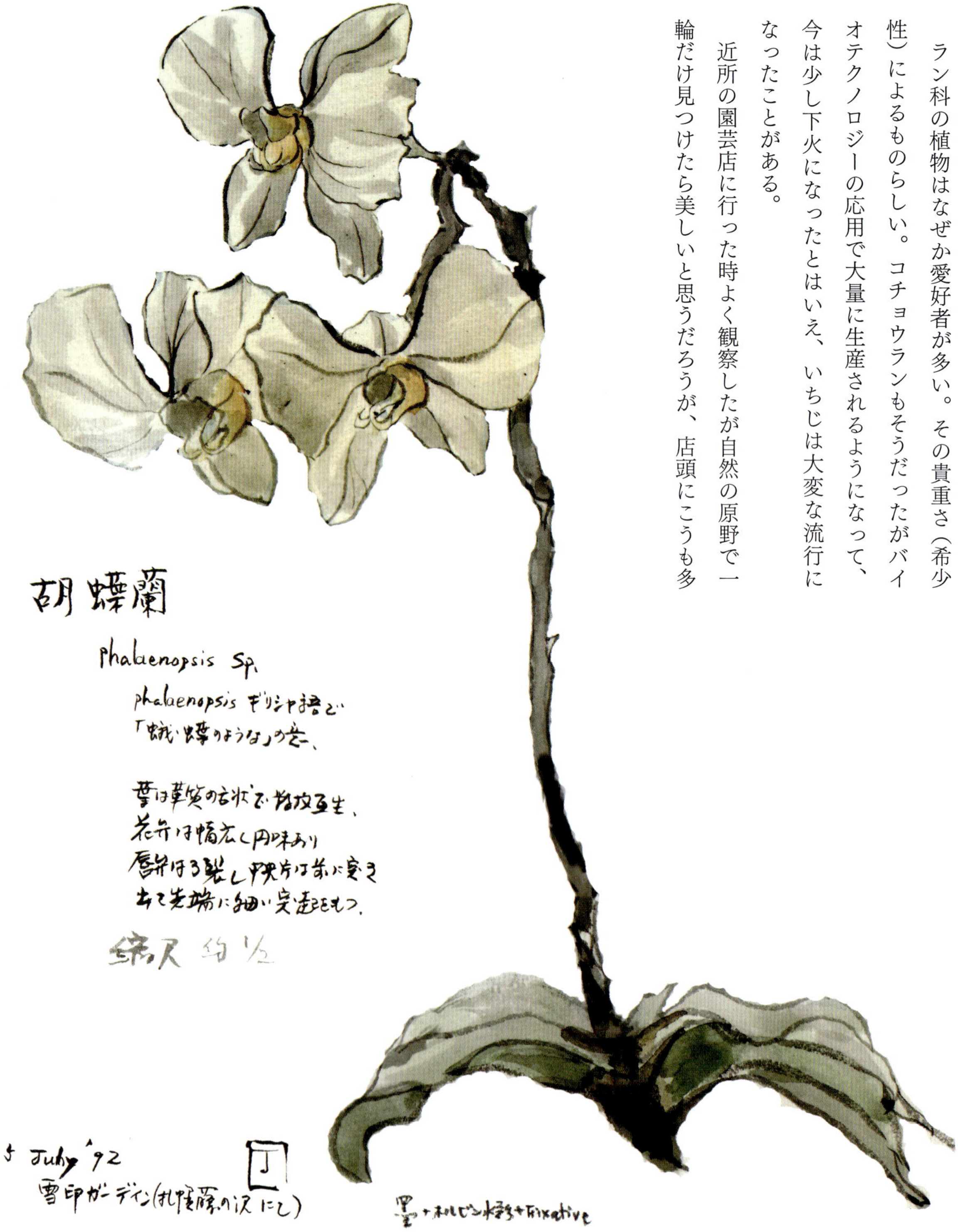
胡蝶蘭
Phalaenopsis sp.
phalaenopsis ギリシャ語で
「蛾・蝶のような」の意、
葉は革質の舌状で数枚互生、
花弁は幅広く円味あり
唇弁は3裂し中央片は前に突き
出て先端に細い突起をもつ。
縮尺 約1/2
5 July '92
雪印ガーデン（札幌藤の沢にて）
J
墨＋ホルビン水彩＋Fixative

コブシ

春になりました。寒空の中で野山に草木が萌え出る候。コブシが最も美しいのは入学式の頃です。牛舎の作業場にあった聴診器をいたずらにコブシの木にあててみました。ゴォー、ザァーとすごい音。それが面白くてさまざまな樹木にあててみるとみんな違った音がします。さながら交響曲のようです。そんな楽しい時期が私にもありました。

幼い時を思い出させてくれるコブシ。（さ）

花弁は6枚
こぶし習作
謙岩山観光道駅にて
92.4.28

寒春の
こぶしにおびえし
平家かな

春の
辛夷《こぶし》におびえし
平家かな
今日、葉山南斜面に
辛夷《こぶし》が咲だした
92.4.28
順

どこかで春が咲いている
どこかで生命が躍っている

サクラ

サクラの仲間を識別するのは難しい。四国在住の友人がサクラの一枝を航空便で送ってくれた。花器にさしておいたら札幌でも3月初めに開花した。葉の開く前に開花したことやその他の特徴からソメイヨシノらしい。それにしては少しピンク色が強いようだ。

屏風絵などの日本画を見るとそのいずれも描かれているサクラはすべて正面を向いている。つまり、おしなべて花弁はこちらを向いている。これじゃ一種の図案だ。実際にはあちこち向いているのに！

横から裏から下から上から見る花弁はそれぞれ美しいシルエットを見せてくれる。

（さ）

サクランボ

子ども達に木の上のサクランボを採らせたくてサクランボの木を植えた。だが、サクランボの木よりも子どもの成長の方が早い。サクランボの実が成るころには、もう木登りどころではない。子どもが大きくなってしまった家の庭でサクランボの実を採る者は、桜鳥とカラス、それを追い払って年甲斐もなく木に登る。たわわに稔る赤い実はたちまちに篭に一杯。採っても採ってもまだある。

雨が降るとたちまち実割れがおきる。割れた実は、甘い香りをあたりに振りまき、蜜蜂やもろもろの虫達を誘う。そしてまもなく腐り始める。

買えばずいぶん高いものだとわかるや、食卓に山盛りのサクランボを見て息子の1人はずいぶん贅沢だと言うが、小鳥達に負けずに木の上で食べ、ふい！　ふい！　ふい！とあたりに所構わず種を飛ばしながら食べるサクランボの味は格別である。（さ）

雨後の
ハジけ完熟したさくらんぼ　縮尺 実大　吾家の庭
(最後のさくらんぼ)
来年まで さようなら！

19 July '92
墨＋顔彩＋Fixative＋1部H

もうすぐ開花
さくらんぼの蕾
(実大)

吾家にて
92.5.13　じ

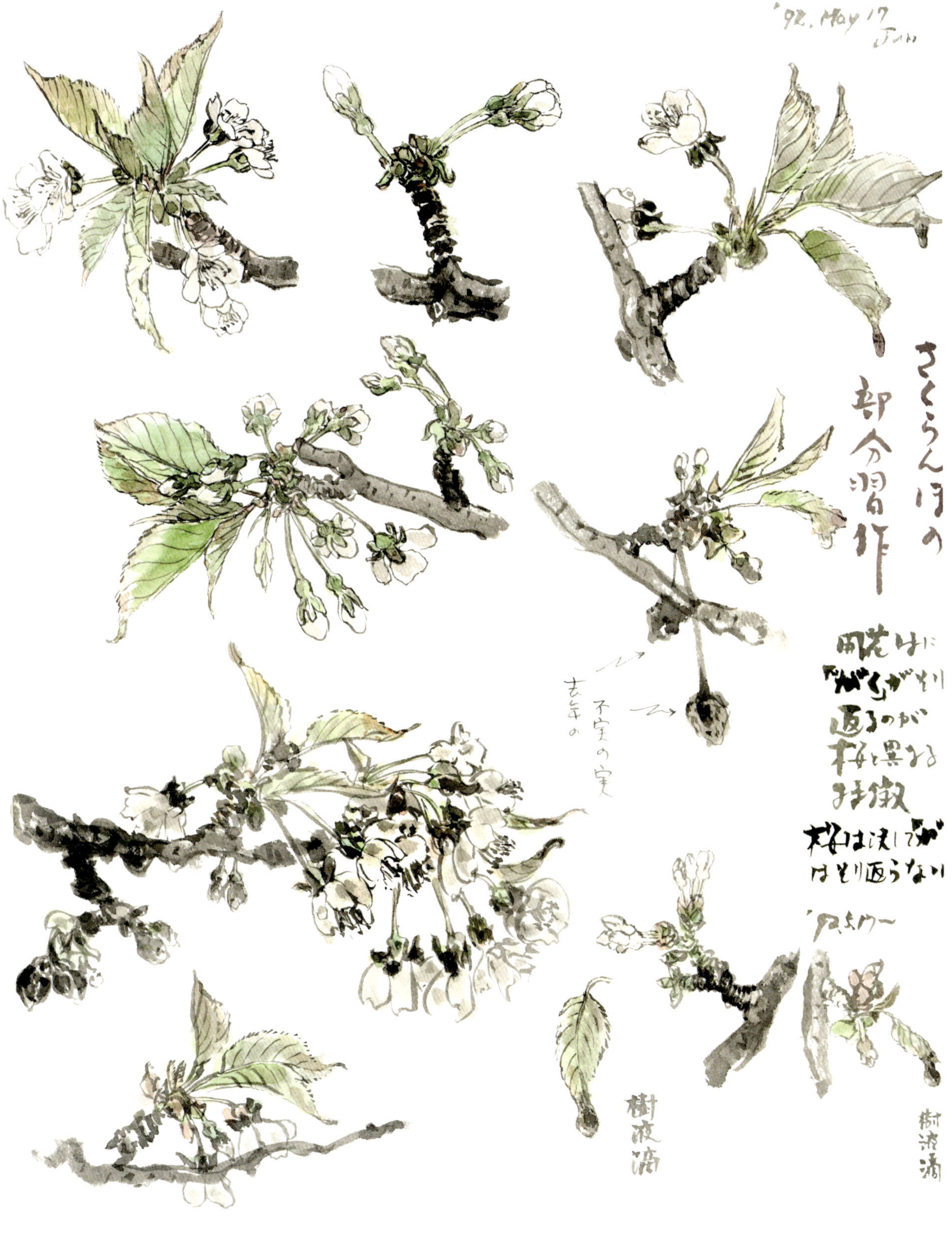
さくらんぼの部分習作
開花時にがくが反り返るのが桜と異なる特徴
桜は決してがくは反り返らない
樹液滴
樹液滴

サルナシ

7月、川辺りや谷間を歩いていると、甘い香りが漂う。この月、コクワ蔓は、どこも花盛り、白い花綵《はなづな》が森のへりや、谷の際を飾る。葉柄が赤く、艶やかな葉の蔦なので遠くからでもコクワだと判る。梅花型のうつむいて咲く白い花は、雌株、雄株のちがいがあって、それは花の形よりは、年ごとに枝を引き寄せられて変形したしげみかどうかで見分けが付く。

9月、あんなに鈴なりだった実も、稔りの頃には気の早い連中に採られて、完熟するチャンスは本当に少ない。あんなに堅いうちに焼酎に漬けたり、米櫃の中で柔らかになるのを待つのだ。

透き通った深緑の実は、甘くてよい香りがする。キウイの味は大味だが、コクワによく似た味で、実の中の種の配列もそっくりだ。だが子ども達に言わせると、コクワはなんとキウイにそっくりな形と味なんだろうと言う。子どもの頃、蔦の先まで登りつめて、蔦に足をからめて実を採っていた頃が懐かしい。

（さ）

擂りこぎはヤシの木製、とても硬質、臼はサラ（沙羅）の木製

サンショウ（山椒）

爽やかな香気が漂ってくる場所、サンショウの木。北ノ沢に住み始めたころ園芸市で購入したもので40年後には2〜3メートルにもなった4本の大きな木。

秋には胡椒の実を収穫しビン詰めにする。葉も少し。実はピリリととても辛いが、葉はその葉縁に油点（室）がたくさんあって精油をだす。香気の源泉だ。蒸気にあてて採油したいと思っているが時間がない。

葉と実で2種の味と香り、なんとも豊かな恵み。それとシソの葉・実とがあれば料理も楽しく豊かになるというものだ。

擂りこぎをご存じだろうか？　台所用品の擂り鉢で米や豆などを製粉する「擂り棒」のこと。順が50年くらい前に日高山脈の「ペラリ山」に生えていたサンショウの木で作った擂りこぎ。これを使った料理はとても香りが佳い。50年使っても現役のすぐれものだ。今様のミキサーなどとてもとても。サンショウの大木の板で作った「俎《まな》板《いた》」が生家にあった。何代にも伝えられてきた家伝の絶品ものだった。（さ・じ）

ジンチョウゲ

いつのことだったたか、園芸市で沈丁花を一鉢買った。芳醇な香を昼夜分かたず放っていた。夜間は強すぎるほどだった。

毎日大切に水やりをしていた。ある時家族みんなで一週間ほど旅行に出かけた、飼い犬の世話はご近所の人に頼んだが植物のほうは水遣りの手配をお願いすることをうっかり忘れてしまっていた。旅行途中に気付いたがどうにもならない。

帰宅した時、植物は瀕死の状態で手当ての甲斐もなく枯死してしまった。

それ以来ジンチョウゲを育てることはなかった。（さ）

タラノメ

春のごちそうです。この絵は一番おいしい時期の芽ですね！　丈高といい、味覚といい一番うれしい時期。

このタランボとウドとハリギリ（センノキ）と春の三大味覚の王者。ともにウコギ科、だが、ハリギリは一番「**えぐ味**」が強い。しかし「**えぐ味**」のなかに包まれた独特の香味はハイクラス。食通にとってはたまらない絶品と言ってよい。

タラのメを採るのも子どもの仕事、一生懸命に採るのだけれどトゲに手足をひっかけて小さなひっかき傷がたくさん！　血が滲んでヒリヒリ！　メンソレタームを塗る、お母さんの仕事がまた一つ増えてしまう。

（さ）

チャノキ

道産子にとって茶の木は馴染みがない。寒冷気候のためお茶の栽培ができないためだ。ただ人工的に植えられた木が一本、北海道の余市町にあるそうだが、そのうち訪ねて行こうと思っている。

スリランカで茶づくり農家になってもう8年になる。一から始めて最初は戸惑うことも多かったが最近では近隣でも評判のベテランになりつつある。日本の茶生産地でも通年いつでも茶葉が採れるわけではない。夏も近づく八十八夜……じゃないが一番茶、二番茶……と数回しか採茶できないが、スリランカでは通年可能だ。ただし日本の茶生産のように上記の新芽茶のみならず秋番茶（三番茶の摘み残

しの硬葉で作った茶)や春番茶などの古葉の利用、さらには枝茶など無駄なく多くの茶製品を作ることはしない。「鬼も十八番茶も出花……」どんな茶でも淹れたてはおいしい。新芽の特に一芯二葉と言う、頂部の新芽と1枚と2枚目の葉を厳選して紅茶の原材料とする厳しい品質管理が要求される。それ以外の葉は使用しない。それを毎日毎日採茶するのだから茶の木は丈夫で若い木でなければならない。木の寿命は四〜五〇年がベスト。生産性が悪くなると古葉のチッピングや樹株の掘り返しや破棄される運命となる。

つい最近のことだが、日本の大手製茶会社がスリランカに乗り出して緑茶生産に乗り出した。気候風土に適応し製茶産業、安い労働力に目をつけ大量生産・経済効率を図るそのいやらしさ、なんということだろう！

採茶の基準：一芯二葉

紅茶の品質の基準について現在、私たちに課せられている基準は、高品質→低品質へと次のとおり。

OP：Orange Pekoe

FBOP：Flowery Broken Orange Pekoe

BOP：Broken Orange Pekoe

BOPF：Broken Orange Pekoe Fannings

Dust

英国系のシンジケートではもっと厳しい基準が課せられている。

OPやFBOPには僅量だが金色と銀色の茶片が混じっている。これをピンセットで手選しパッキングしたものが最高品質の金色紅茶・銀色紅茶と称している。目の飛び出すほどの高価格で私たちも一回しか飲んだことがない。

緑茶であれ紅茶であれ、中国雲南省の奥地・ブータン・ミャンマーなどヒマラヤ山脈周辺を原産地とする原種(*Camellia sp.*)に起源をもつというのが通説だ。

チャの木には白い五弁の花が咲き結実する。「赤い花」も稀にあるそうだが私たちはまだ見たことはない。劣性遺伝子による赤色酵素「アントシアニン」のなせるワザでその木は根まで赤いそうだ。調べてみると赤い花の花弁や新芽には10種類以上のアントシアニン含まれているそうだ。二千年以上の歴史をもつ緑茶飲茶、これに対して紅茶は西欧列強諸国による植民地支配が始まった16世紀以降の歴史しか持たない。

(じ・さ)

ネコヤナギ

鞭のように上に伸び他の低木の間に混じり合うネコヤナギ。

春一番。

鞘を帽子にかぶり、なんとも柔らかい綿毛の若芽。実にかわいらしい！

その後、若葉が萌え出る自然の妙理。

春はここから始まる！

（さ）

ハマナス

花弁も実も食べられるハマナス。花ビラを毟って湯煎にかけエッセンスを採油する。今もこの方法で作っている小さな会社が石狩にある。大事にして伝えてゆ

きたいものだ。赤い実はおいしいとは思わない。浜辺を彩る初夏の一風景。（さ）

ハマナスの実のエキスを蒸発乾留し顆粒状にしたスウェーデンの食物にニーポン（nypon）がある。水に溶かして清涼飲料とする。子どもも大人も北欧の人びとは誰でも大好きな飲み物だ。

私が彼の国に留学した時、良くごちそうになったものだった。あまりおいしいとは思わないが爽やかな味だった。必ず「ニーポンは好きか?」「ニーポンはおいしいか?」と聞かれイエスともノーとも答えられず相手に不審気な顔をされた。スウェーデン語の初歩者だったので「日本《にーぽん》は好きか?」「日本《にーぽん》はおいしいか?」と聞かれたと思い、その真意を誤解したのだ。その意味を後に知ってお互いに笑いあったものだった。

エルサおばあちゃん（恩師ギャベリン先生夫人）の説明ではnyponはrose-hipあるいはdog-roseのことでイバラあるいはイヌバラを指すらしい。エルサさんは植物に大変詳しく、学名が会話の中に頻繁にでてくる素養豊かな人だ。大学はス

濱茄梨子

トックホルム大学の地質学教室卒業で地質学者でもある。ハマナスはバラ亜属で日本のノイバラやハマナス、ヨーロッパの*Rosa rugosa* Thunberg (Japanese rose) や*R. canina*（=Dog rose）などを含んでいる。バラ属は北半球のみに分布し、150～200種程の野生種が存在しているそうだ。因みにバラ属は四亜種（バラ亜属、サンショウバラ亜属、フルテミア亜属、ロサ・ステラータ亜属）に分類されている。エルサさんにハマナスの絵を描き説明したところヨーロッパにはないとのご託宣。その後注意して見ているが北欧・中欧・南欧・西欧、東欧では見たことがない。ハマナスはジャパニーズ・ローズと言われるだけあって日本に自生するアジア代表の原生種なのだろう。

スウェーデンからのお土産にニーポンの顆粒をスーパーで購入し日本に持ち帰った。あれから40年を経たがまだ手付かずに残っている。これから判断すれば「ニーポン（日本）はおいしくない！」のだろう。

（じ）

じ
Sept. 10, 1983
茨城県日立市にて

ヒイラギ

欧州ではクリスマスに赤い実をつけたハリー（holly）と宿り木を組み合わせたリースを飾る習慣がある。

葉の形が似ているので和名に「西洋ヒイラギ」と命名されてはいるが、このハリー、実はモクセイ科の黒紫色の果実をつける「本物」のヒイラギとは全く無縁のモチノキ属の木。因みに映画の街、ハリウッド（Hollywood）はアメリカヒイラギの産地であったところから名づけられたそうだ。

本州では、節分の時期にイワシの頭あるいは煮干しを付けたヒイラギで玄関口を飾る。邪鬼除けなそうだ。南京豆を撒き、「福は内、鬼は外」と対をなす民族行事で各地にある。だから方言名で「鬼の目突き」「オニサシ」「オニオドシ」とも言う。

葉の縁に刺し棘があるので泥棒除けに生垣に植えることが多い。葉に触れると刺し棘で柊ぐ（ヒリヒリ痛むこと）のでヒイラ木と名付けられたそうナ。もっとも老木では刺し棘がなくなる。

小生のペンネームはヒイラギ。年がら年中、若々しく常緑で、若い時は多少の刺し棘があってもよいが、馬齢を重ねたならそれに相応しく人格円満に生きていきたいものとの願いを込めて。

（じ）

ボダイジュとニセアカシア

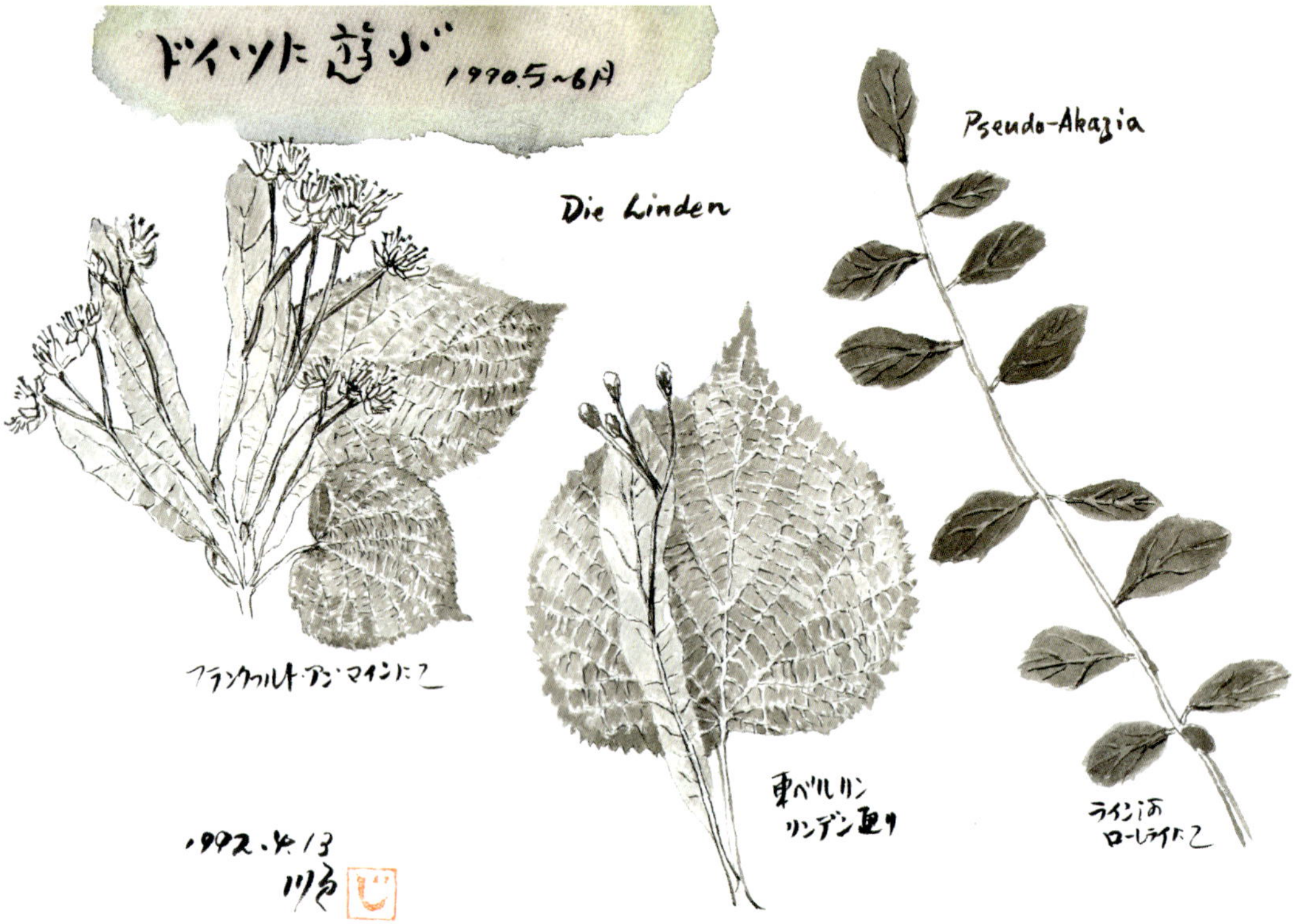

ドイツに遊んだ時、ローレライと東ベルリンのUnter den Linden通りとフランクフルトやライン河畔のローレライでボダイジュとニセアカシアの植生を調べてみたことがあった。

Der Mai ist gekommen zu bäume schlagen aus… ニセアカシア（ハリエンジュ）やボダイジュの芽吹きの候、まさに薫風香る花の五月であった。（じ）

（注）ボダイジュについては拙著「旅は道連れ世は情け」（2010年出版）に詳しく述べておいた。

ハリエンジュとボダイジュの林間からローレライを望む（左岸より）
（サインペン＋水彩 '90.5）

ホッキョクシラカバ（北極白樺）

家を建てた時、周囲に沢山のシラカバを植えた。森の中に住みたいと思ったから。

雪が消えるとまずは花が開く。花つぼみはある日、ひらりと垂れ、リリアンの様に風に揺れる。やがて花は散り、艶やかな小さな緑の葉がそよぐ。子どもの葉はりりりりり、らららららと、梢をみんなで揺すりながら踊る。シラカバの木の下で仰ぎ見る春の空は美しい。その頃は、からりとした青空にほっかりとした白い雲が、毎日毎日、北を目指す。

共稼ぎのかみさんに、3人の子どもをおっつけて北欧に出かけたダンナ様が、リンネの墓前のシラカバから、種子を拾って持ち帰った。かくてわが家には名高いリンネのゆかりの木が育っている。北欧のしらかばは在来種に比べて葉が小さく、梢も華奢である。垂れるのだというが、まだしかとは判らない。秋にはさっさと葉を落としてしまう。ここに来てもまだオーゼの国の暗い冬が忘れられぬらしいとはダンナ様の言である。

白樺の葉（'93）

上図（三種の白樺の葉）
1：日本産 *Betula platyphylla*
2：北海道産 *B. Platyphylla Scktchev var. japonica* Hara
3：いわゆる北極白樺 *B. verrucosa*

（水彩＋色エンピツ '12.10.8）
左端は道産子ダケガンバ、中央二本は北極白樺（すでに黄葉化・落葉し始めた低木と黄葉化の始まった高木（樹高約30m）。右端はカツラの木。北極白樺は10月中旬には落葉を終えるがその頃カツラは黄金色の美しい黄葉をみせる。道産子ダケガンバは11月の中旬に黄葉・落葉する。

家を建てて40年近くになり、願った通りのシラカバの森ができた。

夏の間は日差しを遮り、冬には陽光を恵んでくれるのは大変有難いが、秋の落葉はものすごい。小さくて軽いので、藻岩降しに渦巻き、舞い上がり、どこなと訪れるので、近所迷惑な事だろうと思っている。まあ森林浴で有名になったシラカバの生産する大気を無料で振舞っているのだから良しとするか。

（さ）

ポプラ

オランダのフランダースに遊んだ。

ある古城のほとりに、ポプラ並木（セイヨウハコヤナギ）が老化し倒木・折損事故など多発し交通にも危険を伴うようになった。並木を回生するためにあらゆる内科的・外科的治療策が施された。幹ごと老木を切り倒す外科的大手術を施した。

老木群は枯死することを免れ、翌年、切り口から「ひこばえ」を叢生させてきたという。一つの世代交代劇である。この話を聞いて感嘆し、樹木のもつ生命力を描いてみた（絵）。

北大のポプラ並木は有名な観光スポットであったが、同じく老木化し度重なる台風による倒木被害を受け、現在は立ち入り禁止地域となっている。それがあってか、並木の近辺に数10メートルの長さのミニ並木道をポプラの幼木で造った、人は称して「平成のポプラ並木」と自嘲気味に言う。

世代交代のこの2つの例、果たしてどちらが賢い方策だろうか。

（じ）

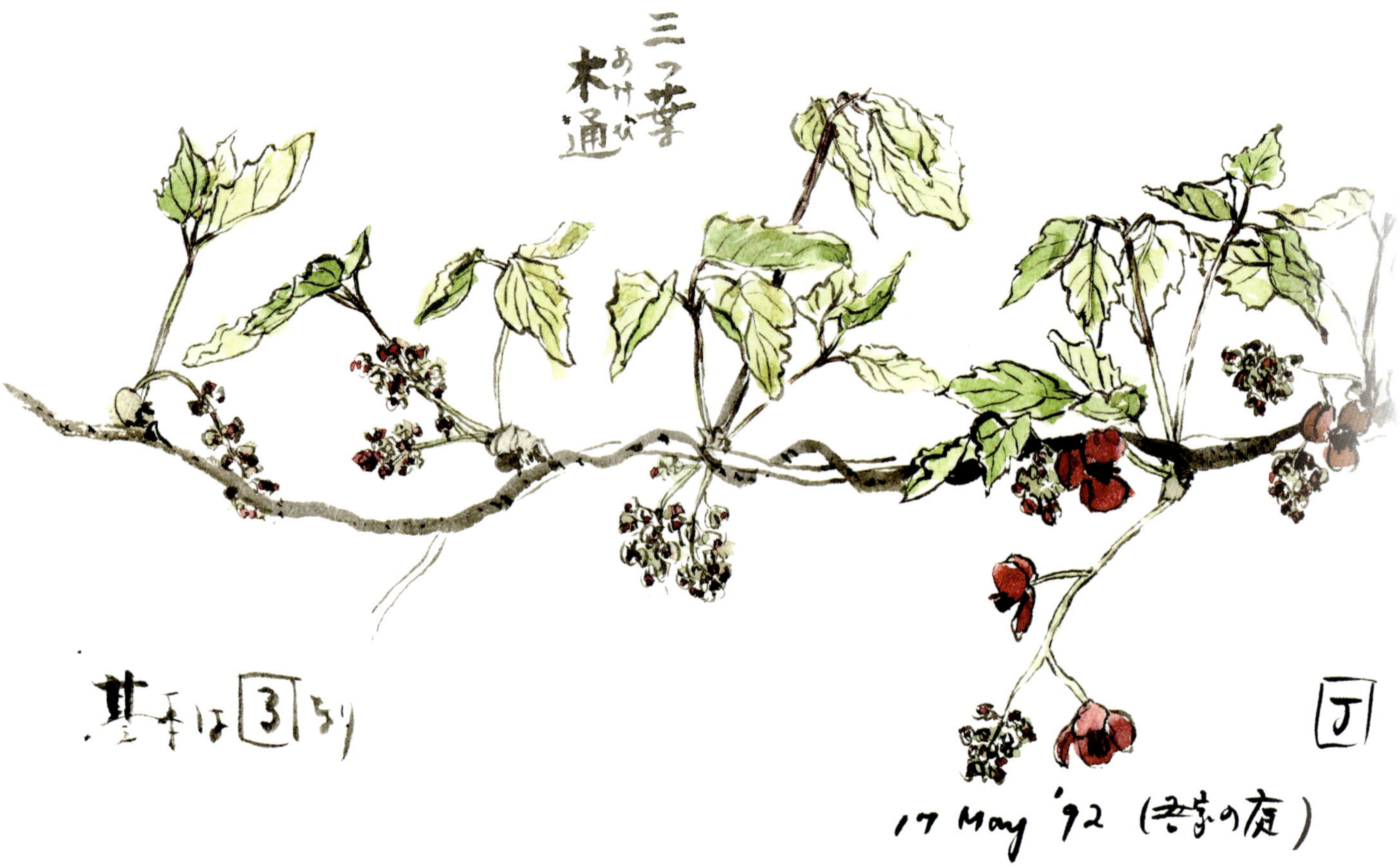

ミツバアケビ

ご近所の八重樫さんから貰った小さな蔓は数年経って小豆色の地味な花を沢山つけた。だがそれでも実はならない。一本だけのせいかと、もう一本植えたがそれでもだめ。

実が稔るためには蔓が大きくならなければだめというのが、ある年度の蔓にもどっさり実を付けるまで知らなかった。

淡青色のふわりとした果皮は北海道ではあまり見かけないので、田舎育ちの私も初めて。半透明の果肉はやたらに種子を含んで薄甘いだけ。

だが秋晴れの空にゆりかごのように揺れながら、潔くすかっと割れた果皮からゼリー状の果肉を覗かせている様子が面白い。

本州から移住して来た者には、幼い日の思い出が重なってみんな懐かしがる。

（さ）

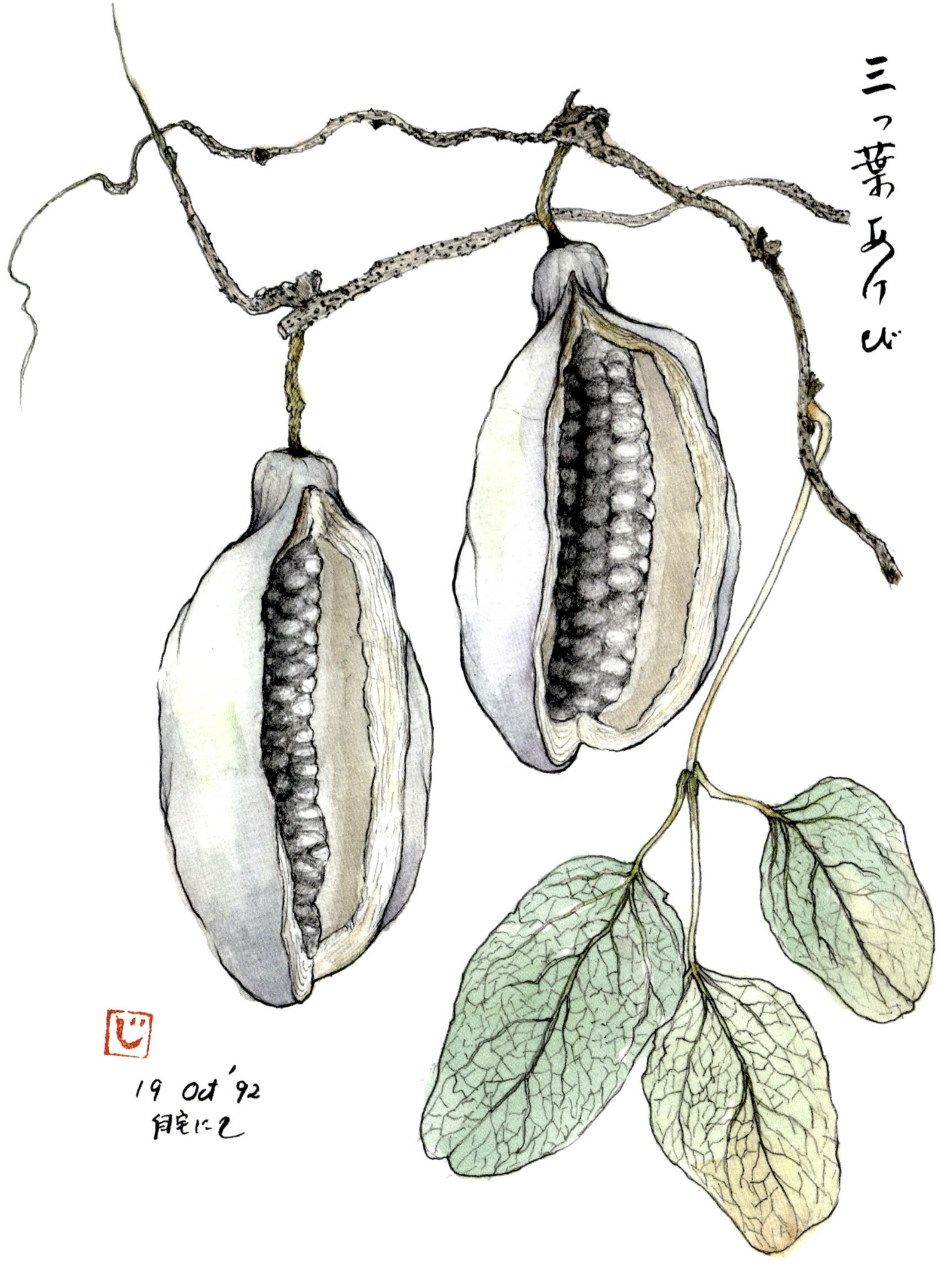
三つ葉あけび
じ
19 Oct '92
自宅にて

山桜満開

そめいよしのは
どうした！

ヤマザクラ

バラ科サクラ属には多くの仲間がある。ここではヤマザクラ（Y）、エゾヤマザクラ（E）とソメイヨシノ（S）の特徴だけを記す。花と葉が同時に出るYとS、葉が十分開かないうちに花が咲くE。樹皮が紫褐色、平滑で横長の皮目が顕著にあり美しいので細工物に使うY、樹皮が暗い栗色で平滑、横長の皮目のあるE、樹皮が褐色で横短の皮目があまり発達しないS。その他、葉の有毛か無毛の違い、葉の形、葉柄の長さと色、花の色などにそれぞれ特徴があるので比較的区別がしやすい。

ソメイヨシノよりヤマザクラは花期が少し早いので上の絵は「ソメイはどうした」と開花を促す気持ちを表現した。

（さ）

(a)
(b)
(c)
2cm
ランタナ(七変化)
(くそまんじゅぎく)
Hinguru(シンハリ語)
Jun 26th/March/2007

ランタナ

北海道では鉢植え以外に野生化したものは見た事がないが本州の団地では見ることがあるそうだ。絵はスリランカのもの。繁殖力は大変旺盛で国中いたる所に生えている。

枝葉や茎に触れると特異な臭いがする。その程度なら我慢できるが、強く揉み潰したりすると腋臭のような悪臭を発し気持が悪くなる。

そんな嫌われ者ではあるが、よく観察するとその形態や生態はとてつもなく愛くるしい。

茎の断面は方形（四辺形）でまばらに棘がある。葉は卵形で対生、縁は鋸歯状、葉の表裏面に粗毛が生えざらつく。花は小さく葉脇から出た花柄の先に集散状に多数集まる。花冠は先が4〜5裂、基部は筒状、図（a）のように擬宝珠（ギボウシ）を上下または左右に鏡面投影した対称形の花弁を持つ。

集散状花序を上から見ると（図（b））、幾何学的で正六角形（各花弁のつく角度は60度）を示し、また、横から見ると（図（c）、1層、2層、3層……の重層組織を持ち、低層のものほど開花時期は早く、次第に高層のものに移動開花する。

それに伴って移遷色は経日変色する、極めておもしろい現象を観察できる。花色はきわめて変化に富み、白・黄・淡紅〜橙・濃赤色など様々に移遷するため、和名を七変化（しちへんげ）ともいわれ、時には「くそ・まんじゅぎく」などとあまり芳しからぬ名もある。しかしその多色の小花が風に揺れそよぐ様はとても可憐で美しい。その移遷色は日毎に色が変化する（経日変色という）ようで、土地の酸性度には無関係のように思われる。例は違うがアジサイの移遷色が経日変色によるものかあるいは土地の酸性度に起因するものかといった現象と共通するものがありそうだ。

クマツヅラ科で日本では鉢物として鑑賞される。他に薬用として煎じ薬、浴用、整腸剤、リュウマチ、マラリアや家畜の整腸薬として利用されるという。

原産は熱帯アメリカで、スリランカには１８２６年ごろ観賞用として持ち込まれたそうだ。前に述べたように野草化し道路脇、鉄道線路沿い、土手、山野いたる所に一年中、開花している。（じ）

りんごの花
（印度りんご）

人はいざ
容形《おがひのかたち》は見悪《みにく》くも（醜し）
吾家のものは
天下一品

（吾家）

3rd June '93

コンテ＋HB＋コンテパステル（ピンク）

J

リンゴ

牧野富太郎先生88歳の時に物された「リンゴ」と題する4ページのエッセーがある。

先生の、植物学徒として植物を見つめる視点は科学者としてばかりでなく生命ある自然物への尽きせぬ慈愛と優しさに満ち、その記述の巧みさは余人をして真似のでき得ぬ深さと知性を感じせしめるものがある。

同じ自然科学者としての寺田寅彦著「線香花火」や英国のファラデーの「蝋燭の化学」と並び称賛される筆致であると思うので、や丶長文であるが原文を紹介することにしたい。（じ）

果実とは

世間ふつうには果実というといわゆるクダモノであって、リンゴ、カキ、ミカンなどの食用になる実を呼んでいるのであるが、しかし植物学上で果実と称するものは、花の後にできる実をすべて果実といい、通俗とは大いにその呼び方が異なっている。そしてそれはあえて食用になると、ならないとにかかわらず、すべてをそういっている。ゆえにシソ、エゴマの実のようなものも果実であり、リンゴ、カキなどのようなものでもむろん果実である。

花の中の子房が花後に成熟して実になったものは、果実そのものの本体で、すなわち正果実である。

ウメ、モモ、ケシ、ダイコン、エンドウ、ソラマメ、トウモロコシ、イネ、ムギ、ソバ、クリ、クヌギ、ならびにチャの実などがそれである。

また、果実には他の器官が子房と合体し、共同で一つの果実をなしているものもある。すなわちリンゴ、ナシ、キュウリ、カボチャ、メロンなどがそれである。

また、他の器官が主部となって果実をなしているものもあって、そんな場合は、それを擬果とも偽果ともとなえる。すなわちオランダイチゴ、ヘビイチゴ、イチジク、ノイバラの実などがそれである。

果実の食用となる部分は、果実の種類によってかならずしも一様ではない。モモ、アンズなどは植物学上でいうところの中果皮の部を食用とし、リンゴ、ナシなどは実を合成せる花托部を食しており、ミカンは果内の毛を食し、バナナは果皮を食し、イチジクは変形せる果軸部を食用に供している。……（中略）

リンゴの果実は、これを縦に割ったり横に切ったりして見れば、よくその内部の様子がわかるから、そうして検して見るがよい。

その中央部に五室に分かれた部分があって、その各室内には二個ずつ褐色な種子が並んでいる。そしてその外側に区切りがあって、それが見られる。すなわちこの区切りを界としてその内部が真の果実であって、この果実部はあえてだれも食わなく捨てるところである。そしてこの区切りと最外の外皮のところまでの間が人の食する部分である

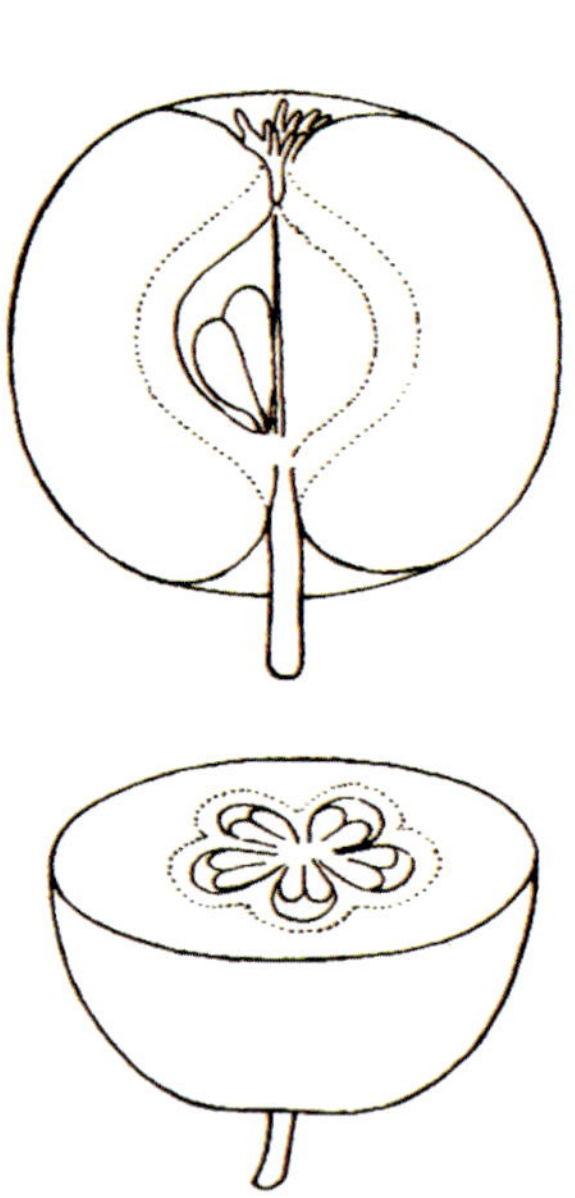

リンゴの縦割りと横切り図
（原図）（牧野富太郎著「植物知識」講談社学術文庫529、1981より引用）

が、この部分は実は本当の果実（中心部をなせる）へ癒合した付属物で、これは杯状をなした花托（すなわち花の梗の頂部）であって、それが厚い肉部となっているのである。

　これで見ると、このリンゴの実は本当の果実は食われなく、そしてただそのつきものの変化せる花托、すなわち花梗の末端を食っていることになるが、しかしリンゴを食う人々は、植物学者かあるいは学校で教えられた学生かを除くほかは、だれもその真相を知っているものはほとんどいないであろう。

　このリンゴは英語でいえばアップルである。今日の日本人は誰でもこれをリンゴといってすましているが、実をいうとこれはリンゴではなく、すべからくそれをトウリンゴまたはオオリンゴ、あるいはセイヨウリンゴといわねばならぬものである。そして漢字で書けば苹果であり柰である。

　元来、本当のリンゴは林檎であって、これはその実の直径およそ三センチメートル余りもない小さいもので、あえて市場へは出てこなく、日本では昔その苗木がわが邦へ渡って今日信州（長野県）あるいは東北地方にわずかに見るばかりである。元来日本の原産ではないけれども、これを西洋リンゴのアップルと区別せんがために和リンゴといわれている。すなわち日本リンゴの意である。……（中略）……

　アップルを学名でいえば*Malus pumila var. domestica*であって、和リンゴは*Malus asiatica*である。元来リンゴ林檎（和リンゴ）の音であるから本当のリンゴをいう場合は何もいうことはないが、今日のように西洋リンゴ（トウリンゴ）を単にリンゴと呼ぶのは、実は当を得たものではないことを知っていなければならない。

　先生は多くの啓蒙的な書物を著したり、講演や実地指導を通じて、植物の知識と趣味の普及に努められたので、世間に広く親しまれている大学者である。

　伊藤　洋氏（東京教育大学名誉教授）の本書に寄せられた序文では「博士は植物採集会や話を頼まれた時、スミレやアヤメとか、その季節や場所に応じて、一つの植物を選び、まず、形や花の仕組みなどの説明から始めて、次第に古事来歴、そして文学から民話などと、止めどもなく話を続けられ、最後に、植物というものはいかにうまくできているか、それを調べることがいかに楽しいことか、そして植物を愛することがいかに幸せであるかを説かれるのが常であった」という。

　私たちは先生の視点に多くを学ばなければならない、と思う。

（じ）

リンネ草——私の花（エゾアリドオシ）

あの偉大なリンネがこよなく愛した花—私の花—彼は終生そう言い続けた。

それはリンネ草、エゾアリドオシ（リンネソウ属）あるいはメオトバナとも言う。北海道にもあるそうだが私はまだ見ていない。

因みに学名は似ているがアリドオシ（アリドオシ属）とは全く別物だからややこしい。

彼は数百人の弟子を抱えていたがその4人の高弟—トゥンバルイを筆頭とする—を海外に派遣し植物種を収集した「帝王」と称せられた「大」リンネ。その彼に全くふさわしくない「可憐な花エゾアリドオシ」！

私にはこのミスマッチとも言えるこの表現を良く理解できる。

自分の植物分類法を広め当時の宮廷の庭園学にまでのしあげた彼が自派の師弟の就職先として他派を押し退け強引に就職活動を行った。その弟子の就職を欣喜躍如として祝った様とこの可憐な花とのコントラストがまざまざと思い浮かぶ。強欲と可憐、強権と宥和とみられるこの対立は結局のところ、神学の軛に縛られ植物の変化・進化に目を閉じた心の悩みをこの花の可憐さに託した彼の心境—神学と近代科学の萌芽とみなすべき彼の思想との葛藤にほかならぬと私は理解する。

彼は神学の説く説から終生脱出することはできなかったが、晩年には進化論に一歩踏み出す「種の変化」＝「変種」までは認めたと思う（別項「チョウノスケソウ」参照）。

（じ）

墨＋水彩 '92.5.5

レンギョウ

初春、残雪に抑えつけられ、地面すれすれに枝垂れた細枝に葉が出る前に四弁の黄色い花が咲く。

春には黄色系統の花が数多い中で、太陽光に映えるレンギョウの花と姿態は実に美しい。

レンギョウが枝垂れるのは冬の降雪の重みのためだろうが、そのしなやかさはどうやって獲得したものだろうか。細枝を縦割りにしてみるとその疑問は氷解する。節以外は中空で髄がないからだ。レンギョウの仲間のシナレンギョウやチョウセンレンギョウは中空ではなく髄があり、枝振りも立ち上がっており、しなやかさも欠ける。降雪・残雪の重みに折断される危険をこのような工夫で防いでいる。タケ属と同じことだ。

チョウセンレンギョウやシナレンギョウの原生地、朝鮮半島や中国大陸には降雪も残雪も少ないことに照らして考えると納得がいくことだ。

我が家のレンギョウは園芸市で苗木を購入した枝垂れレンギョウ、純国産というわけだ。（じ）

花だより 2013

［私家版］コラム19種

2006. Dec. 16
Jan

コラム1

ガマの花ござ

子どもの頃。毎年、外気が冷え、初雪がちらつき始める頃になると、洗面所の床に大きな温かい花ござが敷かれた。ガマの葉を編んだものである。足裏にふわっと柔らかな、すべすべした感触は、洗面用に炭火を入れて用意されたサモワールから立ちのぼる湯気が鏡一面に作っていた曇りとともに、今も忘れられない。

あれはオサツ沼の近くに住んでいた「水本の熊さん」という父の知り合いのアイヌ人のお母さんが編んだ物だった。

水本さんの住む沼のほとりに、一度だけ地曳網の小さいのを持って家族全部で遊びに行ったことがあり、一日、網を曳き、珍しい沼地の魚や沼貝、小海老を捕ったり、丸太をくり抜いて作った丸木舟に乗せて貰ったりしたのを覚えている。

アシやガマなどの水草に覆われた静かな水辺の生活を羨ましく思ったものだ。

後年、探しに行ったのだけれど、水本さんの家もオサツ沼の岸辺も分からなくなってしまった。今では、あんなに大きかった沼も地図の上からさえ消えてしまっている。

わが家に再び花ござが来たのは「タレばあちゃん」と知り合いになったからだ。

ばあちゃんと知り合いになったのも、もとはと言えば、私が働いていたからだ。子ども達が保育園に行っていたから。それも、無事平穏な保育園ではなく、とんでもない園長に対抗して保母さんや父母が、まとまって頑張らねばならなかったから。

保育園の運営について、父母会はたびたびの会議や市役所への陳情を行った。その中で私たちは小川さんというアイヌ人の家族と知り合うことになったのである。

子どもが大きくなってからも、小川さんとのつき合いは私の手芸好きと奥さんの小川さんとのアイヌ模様の刺繍を通じて続いた。

タレばあちゃんとの交流はその延長なのである。

タレばあちゃんの良いところは、おおらかで、くよくよしない前向きな考え方にある。ばあちゃんは、職業教師の私をつかまえて説教におよぶ。「せんせ、な、ぺんきょ(勉強)てものは、かっこ(学校)で教えてもらうもんてないの。みんなちぷん(自分)て、人から盗むもんたよ。お

浦河タレ
花ござ（60×95cm）
制作年代　1994年ごろ
所 蔵 者　渡邉幸子

模写者
渡邉　順（'94.1.17）

れ、かっこにいかなかったけと、こもり（子守り）しなから、そのことも（子ども）のやる事を見て、みんなおぼえた。カンカイ（糸紡ぎ）も、サラニップ作るのもみんな人のすること見て、その時は知らん顔して、後になってちぷんでやってみてな、まったわかんないぱ（それでもまだわからなければ）、人のすること見に行ってよ、せんせ、な、ぺんきょてのは一生やるもんたのよ」（原文ママ）

褒められれば、何でも人にくれてしまうのが好きで、花ござも、どの様に織り方を学んだか、模様をどの様に盗んできたか、人生常に学びながら生きるものだと、学校で学ばなかったからこそ、残ることの出来た「濁音の極めて少ない」話し方で説教しながら、花ござを呉れたのである。

北海道の文化功労者の一人だった、そのばあちゃんも今はもういない。

（渡邉幸子　１９９４年１月12日　同人画誌「マーフェル」13号に投稿・受理）

スケッチは、その時タレばあちゃんに頂いた花ござである。材料はガマの葉でそれを編んだもの。染め方もその材料もその時聞いたはずだが忘れてしまったのは残念。（さ）

会員の皆様にお詫びと訂正

浦河タレさんの作品のスケッチは慎重かつ詳細に行ったつもりでしたが、印刷・製本時に見直したところ、重大な誤りを見つけました。

この花ござは数えましたところ、１７７本のガマ（蒲）の葉を使って、17本の経糸で編んだもののようです。従って絵柄パターンは両端から九番目を中心に左右対称になります。素材のガマの葉の太さの不揃いにも依るのでしょうが、左右シンメトリックな図柄を作り上げるのは大変な苦労だったと思われます。事実、この作品は微妙なところで左右不揃いです。

タレばあちゃんは、それにも関らず、おおらかに作品を仕上げています。

私の重大なミスというのは、もうお気づきのように、「上半部の左右の図柄を一段ズレて模写したことです。

これは私のミスであって、タレばあちゃんの責任ではありません。彼女の名誉のため、謹んでお詫びする次第です。

本来なら、これを破棄し、再摸写すべきです。しかし、私には今のところ、その余力はありません。不掲載措置も考慮しましたが画誌13ページ目に穴があきます。やむなく欠陥図を載せることにしました。編集者としては良心の痛むことです。後日、訂正した作品を会員の皆様にお届け致しますので、このページに張り替えてくださるようお願いします。

（同人画誌「マーフェル」編集長　渡邉　順）

コラム 2

［キウイ］

子どもの頃の楽しみに木の実のおやつがあった。ノイチゴ、オンコ、クワ、グミ、ヤマブドウ、クリ、クルミ、ハシバミ、マタタビ、ミヤママタタビ、そしてコクワ！

その合い間には庭先にコウメ、サクランボ、グスベリ、タンバグリ、ナシ、アンズなどがあった。季節毎に、子ども達が鈴なりになっても、あり余る新鮮な自然の恵みの中で、おやつは取ってくるものか自分たちの手で作るもの、だと思って育った。

木の実の中で、霜に打たれたコクワやヤマブドウほどおいしいものはない。小さい時は、茂みの下で頭上高く、木登り上手な年上の子ども達の楽しそうな叫びやざわめき、揺れる小枝の先からこぼれ落ちる実を見上げて、なんとか自分も木登り上手になりたいものだとどの子どもも思う。そしていつの間にか自分も梢高く登れるようになっているのだ。

コクワ！　秋のお彼岸の頃、深緑の実を鈴なりに下がらせた蔓を、梢の先まで被った様々な落葉樹が、日溜まりの沢地のそこここに見られる。毎年、実をつける木を子ども

達はよく知っている。

コクワは雌雄異株なのだ。

絡まり合った蔦が子どもの重さなどで切れることはない。子ども達は立木の枝を離れて蔦に足首を絡ませては、さらに遠くの実を手繰り寄せようとする。熟したのは口の中へ、堅いのは腰の袋へ。

柔らかく熟した実は甘く芳醇な味がして食べ始めるとやめられない。堅い実は米櫃の中で甘くなる。

下のほうから心配する親達の注意。「食べ過ぎると舌が割れるよ！」が親たちの心配も空しく、子ども達の舌は毎年確実に割れてしまうのだ。

かくして数日間、子ども達はあらゆる塩気のあるものに悩まされる。さらに彼らは排便にも苦しむことになる。この果汁に触れた粘膜はすべて爛れる運命にあるのだから。

コクワ！

本名はサルナシ。7月、ウメの花のような白い花を枝いっぱいに咲かせる。だが、香り豊かな花綵《はなづな》は林の際で目立たない。

似たものにマタタビとミヤママタタビがある。マタタビは熟すとオレンジ色に変わり、ミヤママタタビはコクワより小さな実をつける。どれも果実酒にすると美味しい。

生活習慣の変化は、物の見方を変えてしまう。一つの家族の中でも、子どもの代と親の代では同じ物に対する見方がこうも違うものかと思わせる物にコクワとキウイがある。

初めてキウイが市販され始めた時、「なんとコクワに似た味がするものだ」と思った。切り口はコクワの切り口と同じ(絵)。しかし、外皮は茶色で、オーストラリア生物圏の絶滅しかけている翼の退化した鳥「キウイ」に由来するという。

だが、キウイはサルナシの仲間なのである。原産地は中国南部で、オーストラリアで品種改良されたものだと聞く。

わが家の子ども達にコクワを持ち帰って食べさせた時、子ども達は次のような感想を述べた。

「お母ちゃん！　コクワってとってもキウイに似た味だね！」

私にとってコクワはコクワであって、キウイはコクワの代用に過ぎないのであるが、子ども達には、キウイはキウイであって、コクワはキウイの代用にすぎないのである。

（さ）

コラム 3

［キウルシ（ヌルデ）］

三草四木という言葉がある。三草（紅花・藍または麻・木綿）、四木（桑・茶・楮《こうぞ》・漆）。この組み合わせは時代とともに或は居住地域によって当然変わってきたことではあろうが、いずれにしろ日本人が古来、実生活上、その恩恵を享受してきた重要な草木であった。

昔の人びとの考え方、ひいては文化が偲ばれて甚だ興味深い。

植物は人間の営みに不可欠なものであるが、こと衣食住に限定すれば三草四木という古の自然観をどう受け止めたらよいものだろうか。

「衣布を作り染め上げ、ベニを差し、紙を製し漆什器を嗜む」が主で、口に入るのは従で茶だけ、と軽く扱われている。

農耕民族であれば主食源としての米穀植物を三草四木に入れても良い筈だが「春の七草」にすら入っていない。尤も正月15日に食する七種粥（七草粥は正月7日）にはたっぷり入ってはいるが（米・粟・稗・黍・小豆・大豆・麦）。

衣食住の3要素のうち、もし重要な順番にランク付けするとすれば、まず食、ついで衣、最後は住となるだろう。主食とする米穀を最重要の基本的物質と見做した農耕民族は生活のゆとりが生ずるとともに次段のランク植物＝三草四木を発見した。ここには明らかに農耕技術の発展に伴う生活のゆとり、仕事の分業化すら読み取れると思う。

お蚕さんを飼って絹を採り、麻・木綿を収穫し、草木染めして布地を織る、楮を漉して記録を文字にし、什器の保存・湿壊防止に漆顔料の発見・使用、茶を喫するまでに至る生活様式の変化、ここまで進むと個人では全てをこなせない。社会階層の分化と生業の分業が始まる。こんな図式が「三草四木」四文字から浮かび出てくる。

辞書でジャパンを調べてみる。JAPANは言わずもがな「日本」だが普通名詞 japan は「漆・漆器」の意味。動詞形では「漆を塗る」、語尾に -er を付けると「漆工」になる。マルコ・ポーロの「ジパング」が「漆に化けた」理由にはそれなりの歴史がある。

17世紀の海洋国オランダで発明された望遠鏡は船員に重宝がられ、程なく日本にも伝えられた。当時の舶来の望遠

木うるし
じ
12 Oct '92

鏡は本体が真鍮製で重く、その伸縮もスムーズに動かなかった。舶来品は堺周辺で模造されたが、やがて改良され、レンズや軽量の本体が船頭用に大量に生産された記録が残っている。

北前船《きたまえぶね》、菱垣船《ひがきぶね》、樽廻船《たるかいせん》が活躍した江戸時代は大量の海上輸送を齎した船の時代であった。

軽量化された望遠鏡は程なく東インド会社を通じて西洋に輸出され「ジャパンド・テレスコープ」（漆塗り望遠鏡）と名付けられ、彼の国の船員に珍重された。当時の現品を大英博物館で見たことがある。丁重に保存されていた。

漆工芸に「一閑張《いっかんばり》」の技法がある。和紙を幾重にも張り合わせ漆を上塗りした漆細工の一種。軽量で極めて丈夫、長持ちするスグレモノ。江戸初期、飛来一閑《ひらいいっかん》の創始（飛来は明人、寛永（１６２４～１６４４）頃、戦乱を避けて日本に帰化、いわゆる「一閑張の技法」を齎した。

一閑張の遠眼鏡《とおめがね》は防水防湿が完璧で軽量で丈夫、筒部は軽く滑るように伸縮した。本体を漆製品に変えたのは、いかにも漆の国らしい。

以上の経緯を辿り、ジパングは（大文字）、ジャパン（小文字）は漆となった訳だが、「漆の文化圏」の大先輩格の中国・朝鮮を差し置いて、「ジャパンが漆の国」の代表選手かどうか、僭称の誹りもあろう。大先輩格の国民は面白くなかろう。

漆工芸の源流は確かに中国にある。文献によると史書「貨殖列伝」に、ある投機商人が漆を投機対象にして大儲けをしたそうだ、それ程需要が多かったのであろう。その商人の名を白圭という。彼は魏の文侯時代（紀元前４０３～同３８７）の者。

さらに、文献では漢代、中国大陸の漆工芸は大いに進展した。紀元前１０８年、漢の武帝は朝鮮半島に直轄領楽浪《らくろう》郡を置いた。その遺跡から漆器が出土している。半島における漆工芸は楽浪文化を源流としている。

以上が「漆文化圏」の定説であった。

「定説であった」と過去形で書いたのには理由がある。定説がひっくり返りそうなのである。

１９６１年、福井県三方町鳥浜で縄文遺跡「鳥浜貝塚」が発見された。

複数の大学が、以来10次にわたる合同発掘調査をしてきた。その研究成果がポツポツ発表され始めている。それによると、発掘品は意外にも高度な弓、縄、編籠、櫛などの生活品以外に、大ショックだったのは、漆容器や漆絵（赤い漆で乱線や抽象文が描かれてある）の断片が出土したことであった。

鳥浜貝塚の時代は縄文草創期（約一万二千年前）から同前期末（約六千年前）である。信じがたい程の昔から日本人は漆を使っていたことになる。驚くべき発見であった。

しかし、その時代の日本人が漆を現地で採取・加工して用いる技法を習熟していたかどうか（現地生産）はまだ明らかではない。というのは大陸や半島での漆器製品の持ち込みの可能性（異地生産）もあるからである。

コメの伝来は紀元前3世紀、日本列島での稲作が始まる。その一方で、高度の漆工芸は大陸から伝来した。法隆寺（607年建立）の玉虫《たまむしの》厨子《ずし》がその記念的遺物だ。材質はクスノキで国産、漆工芸技法は朝鮮的で渡来した朝鮮漆工の手になったものと考えられている。

仏教の伝来に伴い、盛んに造寺・造仏がなされ、漆の需要が増し、漆部司《うるしべのつかさ》という官職が置かれる。宮廷や豪族の使う日用什器にも漆工芸が用いられるようになったが、庶民にはまだまだ高嶺の花であった。

鎌倉時代、その需要は飛躍し、兜や太刀鞘などの武具にも美麗な漆技芸が施されるようになった。かつて貴族や豪族が使っていた漆塗り什器を小地主階級が使用できるまでに普及された。安土桃山時代、漆工芸はますます進展し、贅が凝らされるようになった。蒔絵などの美術品への普及、建造物の塗料としても多用され、庶民も祝い事の什器として揃えるまでになった。

明治以後も日本人の漆への執着は続く。明治・大正の科学者は苦心の末、漆の化学主成分ウルシオールを発見し化学式が真島利行博士により世界に先駆けて決定された。博士は有機化学の権威者、北大理学部の初代学部長だった人。

ウルシオール（urushiol）は国際的学術語。植物界の傑作物に初めて科学の光をあてることができたのも、何百年〜何千年もの間、育んできた漆好き嗜好があったればこそ、と思わぬでもない。

漆のことを書いたらやたらに皮膚がムズ痒い、かぶれたのかナ？　（じ）

コラム4

［つれづれなるままに］

エッセーなどというものは、ヒラリ、サーラリと書けない様なものを、題材にすべきでないと思っている。もし、引用文が多ければ読まされる方は、誰の文を読んでいるか判らなくなったり、時には、あの文この文と読み直しをしたり、忙しい思いをしたうえ、ちっとも面白くない。それはもう小論文であってエッセーとは言えない。本当にヒラリサーラリと書いた物は、中学校に入って初めて直面する平安時代の難解文だって、文法なんかをウダウダ言わない限り、誰が読んでも面白い。

もし学のあるところを見せようなんて思うなら、キラッと一点閃かす。それこそ「香炉峰の雪やいかに」である。あの才気溢れた平安の女官さんがいま生きていたら、どんな事を書き残してくれるやら考えただけでも楽しい。それはもう徒然草などを書いたおじさんなんかより面白いにきまっている。

今では猫も杓子も書きたがる。自分本位の内容で、印刷して送りつければ、読む相手だって時間を取られるという事を忘れている、自己満足組ばかり自分史なんていうのはよほどの文才で、つまらぬ事をも生き生き書ける技術を持っているか、さもなくば本当に数奇な人生経験を持った者に限るのだ、ということを知った上で印刷して欲しいものだ。書くのは自由である。印刷はだめ。エッセーばかりでなく小説だってそう。テーマや、時には表装に惑わされて間違って買ってしまうと人生残り少ない時間の中で読んで損したと思うだけ。

きらきらしていて、読んで楽しいエッセーに串田孫一さんという神経科のお医者さんが書いたものがある。神経科の専門家が書いたものだけあって「神経」に触らない。いらいらして眠れない時（もっともそんな時はあまりない）には、最高である。

A・ジードの「地の糧」、あれはポエムなのかエッセーなのか、小論文集なのか小説なのか判らない。だが、こんなに生き生きと人間の感性をリフレッシュさせてくれる本はあまりない。高校生だった頃、時間を忘れて読みふけったことは今も忘れ難い思い出である。

人は様々な方法で自己表現を試みる。文章で、絵画で、音楽で。表現された物がそれに触れる者に生きる喜びや慰めや、とりわけ前進する勇気をもたらすものでなければ意味がない。だが実際には一番大切な、そこのところが欠けてしまうのである。

小説のジャンルではドイツの物が好みである。ドイツ人の一般的な気質のせいもあろうが、「前へ！」「より良く！」というのが明確なことが多い。大抵はゲーテの良き子孫である(もっともヨーロッパの大文豪はほとんどそうなのだろうが)。今から思えば、両親の注意深い選本があったのだろうが、小さい頃からヨーロッパの教養小説に親しんだ。親の好みが歴然と現れた読書歴である。

ところが、ヒラリサーラリの方ではフランス人のほうかな?と思っている。こんな風に予断と偏見から、ロランのように書いた物も、厳密に「前へ！」「より良い世界を！」という人物がフランス人だというと信じられないのである。「ロマン・ロラン？　あのベートーヴェンに詳しい人？　ジャン・クリストフを書いた人でしょ？　うっそー！　どうしてフランス人なの？　ふーん、それじゃドイツ系フランス人でしょ?」と、なる。

同じように、あまりにも美しい世界を描き続けたドイツ人、ヘッセが20世紀の後半まで生きていたことを信じられない。「あれ？　ヘルマン・ヘッセってまだ生きていたの?」なんて世紀の文豪を殺してしまうのである。ヘッセの限りない信奉者でありながら、実の所、ヘルマン・ヘッセが亡くなった時にはある意味で安心したのである。

ヘッセといえば、学生時代に面白いことがあった。当時、北大にはヘルマン・ヘッカーさんというドイツ語の教授がおられた。当時の教養部の学生はさまよえるオランダ人さながら留まるべき港を持たず、時間ごと教室から教室へと回って受講したのだが、ある日、大学構内の古びた洋館の傍を通り抜けながら、ふと表札を見ると、あれ！　ヘルマン・ヘッセとでているではないか！(それも丁寧なカタカナで！)それこそびっくりして、もう一度見直すと下の方がヘッカーとなっていた。安心して授業の行われる教室に入ると、まだ始まらぬざわめきの中で、背後に数人の学生の興奮した声。

「おい！　ヘッセの家があったぞ！」

「馬鹿言うな！　ヘッセはドイツに居るはずだぞ！(実はスイス在住……)北大になんか居るものか！」

「いや、絶対にいる！　見てきた。表札だってあったぞ！」

多分、熱烈なヘッセ信奉者によって毎年ヘッカー先生はヘッセと間違えられたに違いない。脱線してしまったが、そうだ！　ゲイジュツの話をしていたんだっけ！

だから、当然音楽も最も敬愛し、好んで聴くのはベートーヴェンということになる。これほど勇気や元気、やる気、自信を呼び覚ましてくれる音楽はない。

彼ほど「前へ！」「より良い未来を！」と叫び続け、歌い続けた音楽家はいない。

現在の音楽について言えば、リズムが明確でテンポの速いものが多いが、単にそれだけである。

言葉も習慣の違いも超え、生きた時代も超えて万人に伝えるべき言葉を持つこれほどの音楽家はいない。ドイツ語を知らないのに第九を歌う日本人を笑うことはできない。喜びに溢れて歌っているのだから発音がどうだとか、音が外れているとか言うことはできない。それこそ彼の意に反するだろう。あのソプラノの音域はほとんどのソプラノパートのメンバーを苦しめる。首を絞められた鶏さながらと言う者もいるが言わせておけばいいのである。

同じように彼のリードも美しい。フィシャー・ディスカウの歌う「遥かなる恋人へ」は高校1年の時、初めて聞いた。何という曲か聞きそびれて、放送局に電話したのを憶えている。テーマにそぐわぬ甘さの無い清澄な曲は、彼の心が年月に変えられることなく少年のような美しさを持っていたことを告げる。

音楽も文章も絵画として表すべきものを表現できる。情景そのものばかりでなく、創作者の心も写し取るところがすごい所だと思う。それについては、ベートーヴェンの「田園」は皆が良く知っているところであるが、描写だけなら他に多く作曲者の美しい曲を楽しむことができる。その上に、癒しの力を持つ故、ベートーヴェンはすごいのである。

文章による絵画的描写では、ツルゲーネフの文章が教材としてよく使われたが、私にとってもっと親しいロランとヘッセとを比べてみると、美術史の先生であったロランの文からは、むしろ音楽を、ヘッセからは絵画的描写を感じてしまう。少なくとも、ヘッセの描くスケッチより、彼の文の方が絵画的であるところが面白い。

今それを読むのがトレンディだと言われているのにプルーストの「失われた時を求めて」という作品がある。どうして今ごろあんな作品がもてはやされるのか分からないが、高校生の時に、大いに文学少女ぶっていた友人から勧められて読んだ。だが、前進すべき人生の中になんと！後ろ向きに踏み止まって、消えて行くはずの崩れかけた社会にまどろみながら入り込んでいくような、切れ切れな記憶を綴り合せては、水底に引きずり込んで行くような、流れの無い沼地の際で淀んだ水面を見続けるような物語は、私にとっては遂に不可解な作品だった。あのタイプのものは、日本には古くからあったんじゃないの？

絵画についても、私はどうも今流の感覚じゃないらしく、ミケランジェロとかダヴィンチのような力強く、生き生きとした、しかも、誰にでも分かりやすいものが好きである。せいぜいコローの時代までが理解の限界である。卒業生の一人に言わせれば、「なんだ、それじゃチョコレートの箱の絵じゃないですか？」となる。だが、四季、山を歩く時、私の周りは実際にチョコレートの箱の絵でいっぱいなのである。そして絵よりも実際の風景のほうがずっと素晴らしい。

絵描きには縁が深いほうだと思っている。血筋に絵描きが3人いる。

父方の祖母が日本画を描いた。お金をもらったりはしな

かったが、商売の潤滑剤として、ずいぶん出入りのバイヤーのために描いたようである（祖父の商売は貿易商）。

叔父の1人は絵描きである（野崎利喜＝二水会会員）。太平洋戦争が始まるまではパリに居た。誰にでもよく分かる優しい風景画をよく描いた。フランスでは絵画展に入選したことがあって美術館に納めた絵もあるらしい。もう1人の絵描きは（叔母の連れ合いなのだが）……この方が日本では有名人なのだが、私には彼の絵を見ても何が何だか解らない。楽しくない。どこが上か下かが解らないのである。そんなものは倉庫にでも放り込んでおけ！　そんな絵に限って日本の美術館にあったりする。

我が相棒殿は丁寧なスケッチを描く。我が息子に言わしめるなら「あれは絵とは言わない。単なるスケッチだ」とのことであるが、私が尊敬に値すると思っているのは、この気の遠くなるような正確無比なスケッチなのだ。すべての絵は注意深いスケッチから始まると思っているから。

息子ども3人も皆絵を描くのはうまい。

私だけが描かない。もし描いてもそれはヘッセの絵と同じになるから。

また春になったら風のように山を巡ろう。光の中で芽が出たばかりの草々に会おう。

私は私の心に描く。

私は私の心に刻む。　（さ）

1993年3月10日　同人画誌「マーフェル」4号より転載

コラム 5

［ムックリと根曲がり竹］

20年ばかり前（1993）、鹿児島県の竹島の大名竹（琉球竹）が58年ぶりに開花し、2〜3年以内に全滅の恐れがある、というニュースがあった。竹は枯死する2〜3年前に開花するからだと植物学者も断言し、事実、前回は枯死した後では島は他の植生で占拠され、ひどい目にあったと古老は口を揃えていた。島では竹は生活必需品。島外へ筍を販売し収入源とするばかりでなく、牛の飼料、屋根葺き用、防風垣用、竹細工用などに使う。

竹は白い小花で叢房状に咲く。イネ科だから当然のこと米イネに似た実をつける。ここからが問題で、島外から実を食べに鼠が到来し、繁殖する。竹の枯死によって根付き土壌がゆるみ、地辷り災害ひいては土砂流入によって沿海が汚染する。酪農業、林業、漁業も衰退する。このような連鎖反応が前回は起きた、という。

初耳だったので、少し不謹慎だったが、大変興味深くニュースを聞いた。これまでの私の知識では、「およそ60年ごとに開花する。それは大飢饉の前兆で、民百姓は不吉なこととして恐れおののき、その実を食して飢えをしのいだ、天保の大飢饉もそうだった」と聞いていたからだ。

東北地方は古来、凶作に見舞われ、娘売買は常習化され、竹の実を緊急食料としたが、それでもなお餓死者累るい、屍肉さえ摂った」と南部藩史に詳しく記録されている（因みに東北地方にはミヤマ（深山）タケが多い）。

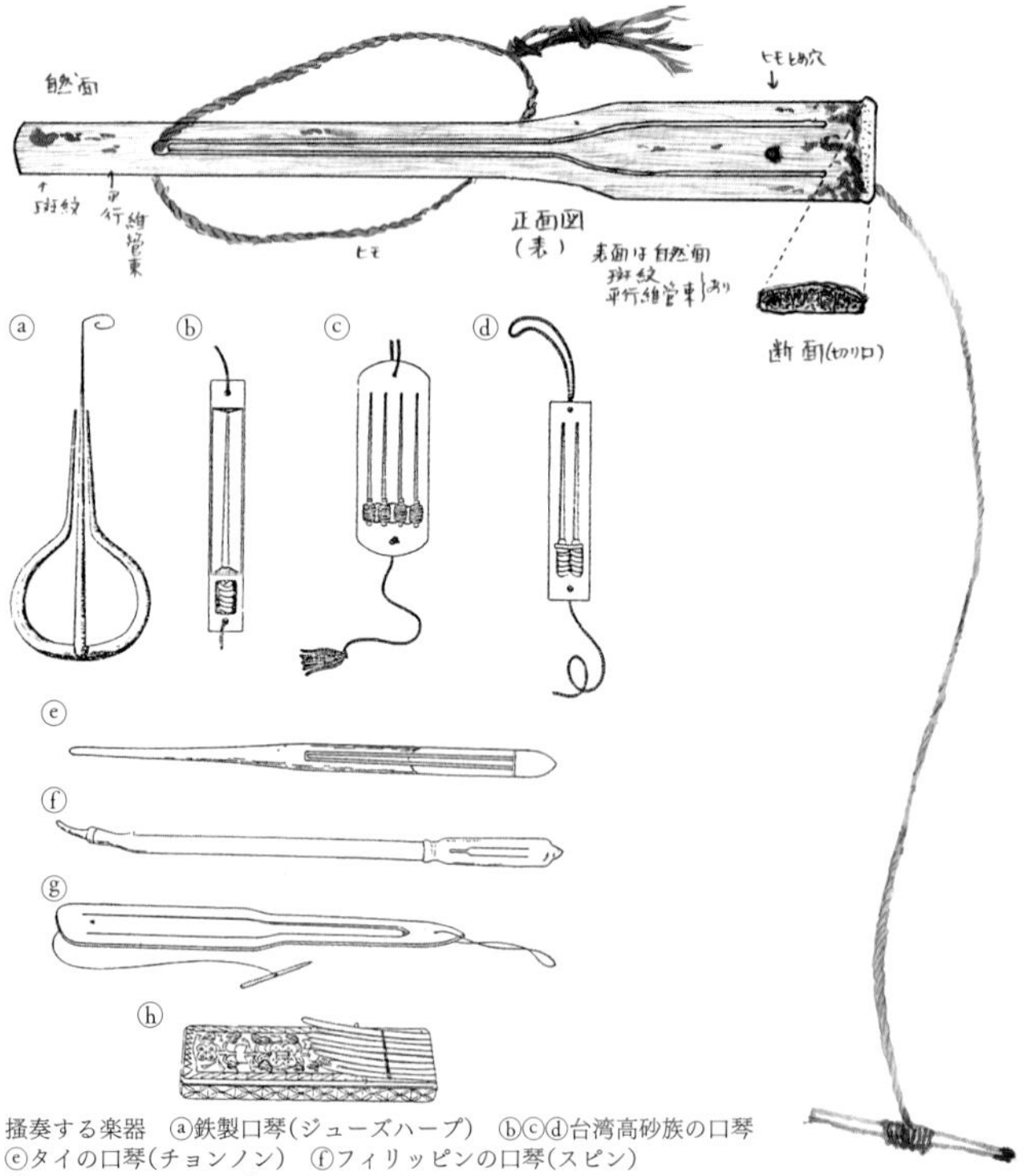

揺奏する楽器　ⓐ鉄製口琴（ジューズハープ）　ⓑⓒⓓ台湾高砂族の口琴
ⓔタイの口琴（チョンノン）　ⓕフィリッピンの口琴（スピン）
ⓖアイヌのムックリ　ⓗアフリカのサンサ

冷夏などの天候不順とタケの結実との相関関係、60年周期説の真偽など、私には確かめようもないが、いつもひどい目に会うのは民百姓だ。

話は変わるが、アイヌ民族はムックリという、竹製の伝統楽器を持っている。ムックリとピリカ・メノコの取り合

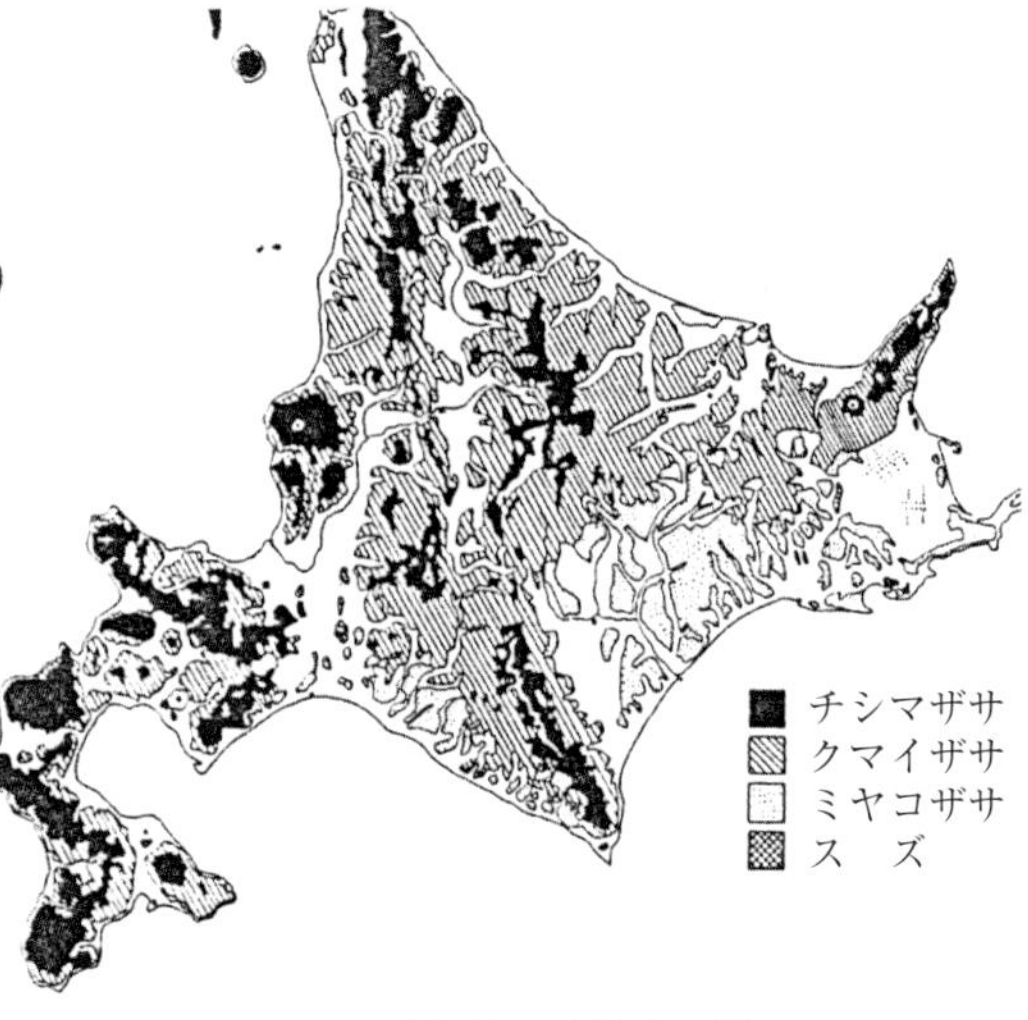

北海道のササ分布図

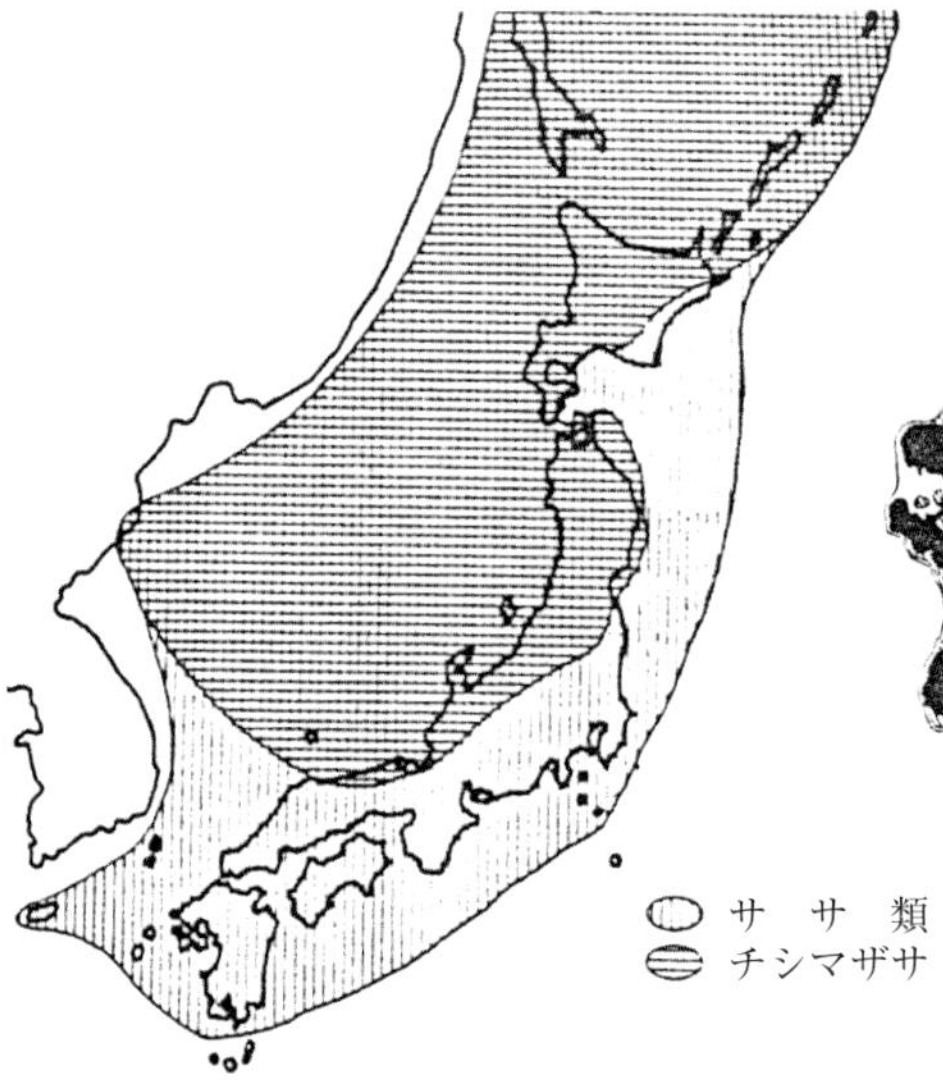

ササの分布図

わせはアイヌ青年との悲恋物語を伝えている。

以下はムックリの材料としてのタケに関する私の小論である。

最初に、実際に使用しているムックリの図を見て頂きたい。これは知床からのお土産品だ。観光地ならどこでも売っている物。材料は竹。長さ15センチ余り。幅は最大15ミリ、最小部分で7ミリ。片端に節を残している。外皮部分は加工されず、自然面が見られる。その曲率半径から見れば竹の太さの直径は5ないし7センチはあるだろう。内面は削り取られ自然面は失われている。従って竹の肉厚は1センチはあるだろう。こんな太さの竹は北海道の自然界には存在しない。このお土産品、観光品だから、材料は本州産の竹を使って製作した可能性は十分にある。

そこで、試みに北方文化圏関係の資料や博物館などで、過去に実際に使われていたムックリに当たってみると、先に述べた太さ程度の竹を材料にしていたらしい、と見当がつく。北海度でも旧樺太のものも大体同じで地域差はほとんどない。

ところで、ムックリは図を見てお分かりのように、シンプルでしかも壊れやすい構造だ。壊れたら、すぐその場で作る必要がある。いわゆる消耗品である。だとすると材料はすぐ入手できる手近な所にあるはずである。

北海道で最もポピュラーな竹は根曲がり竹（千島笹）だ。この竹は良く知られているように山岳地に生え、冬の降雪に押しつぶされて根元が曲がっている。一番太い根部でも太

さは1ないし2センチ位、節間隔は15センチはない。

ムックリを見ていつもぶつかる大きな疑問。消耗品なのに根曲がり竹では長さも幅（従って曲率半径）も所定の大きさを持つこの単純な楽器は作れない。仮に作っても短小、幅狭い物になってしまい、とても実用にならない。

昔のアイヌメノコはどうしたのだろうか。まさか本州産のミヤマタケや孟宗竹の類を輸入して手近に置き、惜しげもなく消耗したとはとても思えない。もしも輸入したのであればとんでもなく貴重な品物。消耗品としてはとても使えない。北海道・旧樺太地域や大陸沿海州。本州とは古くから貿易交流があったことはよく知られていることなのだが。

そこで、私は北方文化圏関係の学者や道立埋蔵文化財センターの研究者に事あるごとに質問したが、未だ明確な回答を得ていない。ムックリの形状からその材料の産地を知ろうとする、そのユニークな着眼点にはどなたも一応は感心してくれるのだが。

念のため、当のウタリ協会関係者にも問い合わせたが、はっきりしない。

さて、ムックリに関する楽器（口琴）は楽器の発達史から見れば始原的なもので、汎世界的に多くの民族で使われている。

英語でJew's harp（ユダヤのハープ）、スウェーデン・ラップランド人のMunga pipa（口《くち》ハープ）、台湾高砂族のロボ、フィリッピンのスビン、タイのチョンノン、アフリカのサンサなど、バリ島にもある。

鉄器時代への突入が早かった欧州では鉄製だが、竹資源に恵まれたアフリカ、東南アジア・北海道・旧樺太・沿海州は笹竹製だ。

台の真ん中に振動する弁をおき、これを指で弾くものと、その代わりに、台を弾いて弁に振動を与える2つのタイプとがある。後者は直接に台を弾く「弾き口琴」と紐を付けて、これを強く引くことによって、台から弁に振動を与える「紐口琴」の2種がある。ムックリ、ロボ、ユダヤ口琴、バリ島口琴などは紐口琴だ。こうした弁の振動は微かなものだが口腔内を音響場として響かせ、呼吸の気流に合わせて微妙な音を作り出す。咽喉部や舌の膨縮によって口内の容積を変化させることでわずかな音程の上下移動（ビブラートという）がある。

私は演奏できないが、幸子さんは実に巧みだ。いつだったか、ある集会でウタリのご婦人方と共演しているのを聞いたことがある。演奏できないハライセに、私は「古今東西を通じて最も精巧にしてしかもタダなものは「口笛と草笛」だと合点しているが、それもあまり上手くはない。

笹竹は「木」なのか「草」なのか？ 学問的にもこれは難しいものらしい。その栄養気管の特異性からタケ科という独立の科をとる説もあるが、生殖気管である花部の類似点などからイネ科の中の一亜科つまりタケ亜科とする説もある。じゃ、草か？　この問題もそう簡単にはいかぬらしい。
組織の細胞が「木化」して堅くなっている点では確かに「木」だし（木化とは何か?!）、冬芽の位置が地上部にあることも木に近いと植物学者は言う。文学的な物書きは「昔から、ものの譬えに木にタケを継ぐと言うが、これは木とタケが異質の物であることを意識しながらも、両者は意外にも近縁関係にあることを表している。また、竹林という表現はタケを木として扱った言葉」などと、訳の分らぬことを言う。

　このことがあってかあらぬか、多くの学者も「木説」を

千島笹
(俗称、根曲り)
かんこどり
山ほととぎすと
鳴きくらべ
(今はじめし)
藻岩山南斜面にて
92.5.19
じ

筍《たけのこ》
春うれし
筍《たけ》にしみこむ
味噌かな
旬には
旬の味があり
色には色の
味がある
絶えて久しき
この世にも
すばらしき
人も
人間臭さ
がある
スーパーで
一箇五百参拾円也
それでも我輩にはおいしかった！
92.4.30
J
じ

採り、どうも軍配は一方に上がりそうな気配だ。「草説」側は、タケ・ササ類が地下茎で繁殖する点、１回開花植物つまりいちど開花すると母体は枯死することなど一年草に酷似する点から、草に近い性質も看過できないと反論する。

そこで現在では、両者痛み分けとなりタケは木でもなければ草でもなく、タケだとする言い方が賢明だとしている。まるで、落語の**オチ**みたい！

次はササとタケとの区別は？　これも諸説ふんぷん！　頭の弱い私には何が何だか分かりません！　（じ）

［閑話休題］

泥酔することを**トラ**（虎）になるという。この俗言を調べてみると「酒と笹」に語源的に辿り着くから面白い。

ある者、唐から虎を渡す（輸入）時、道筋へ虎の馳走に竹を植えておいた。

その中を通しけるに、虎、怠けて、一向に道はかが行かぬ故《ユエ》、

虎使い「虎は千里行きて千里戻るというのに、なぜ、このように怠けさっしゃるぞ」

虎「ああ、竹《ササ》（酒）に酔った」

くだを巻く状態から、さらに泥酔すると「**トラ**」になる。

中国では、酒の異名を竹葉《チクヨウ》、日本の女性詞《オンナコトバ》では「ささ」と言ったので、「梅に鶯」と同様に、「ささ」に「虎」はつきものになった（出典は安永２年正月跋「口拍子」）

とある本に書いてあった。本当だろうか？　こんなにも機知にとんだ小噺はあまり外国にはないようだ。

それがあってかなきか、加藤清正が朝鮮出兵の時、ササ藪でトラ退治の屏風絵をどこかで見たことがある。（じ）

コラム 6

［楽古岳］

豊似のあの家には、職場のすべての人びとが食事をする部屋、女中部屋、家族六人が寝る寝室、小さな書斎、トイレに風呂に、台所だけしかなかった。牧夫達は別棟に住んでいて、食事の時と、作業の打ち合わせの時には小さな家の食堂に集まる。子どもの遊び場など、家の中にはない。子ども達は晴れの日は外で、天気が悪ければ、あらゆる農場の建物の中で遊ぶ。たいていは元気だった母が、縫物や編み物を持って目を光らせていた。

寝室の窓際にオクサイデージーが垣根のように植え込まれている広い芝生のある家。窓からは、いつも日高連山が輝いて見えた。峰峰の中程には、まるで空に突き刺さるように白く鋭い三角錐があった。

それが楽古岳だと知ったのは、あの恐ろしい遭難事故があったからである（注）。

ある冬の夜、蹄の音がして、電報が来た。

父も母も飛び起きて、揺れるランプの下で慌ただしく冬山行きの準備を始めた。スキー、ザイル、ピッケル、シール、テント、たくさんの靴下厚い冬着の準備、おびただしい量の食料の荷造り。ひそひそと切迫した気配。……表層雪崩……ほとんど見込みがない……でも……母のすすり泣き……

あんな時に目を覚ましたら怯えずにはいられない。

この絵は幸子のコラム「楽古岳」には直接的に関係はない、単なる「紙面埋め」。順が北欧に遊学した時、この「ペテガリ岳山岳遭難」に思いを馳せ、己の体験「スウェーデン・ノルウェー国境をまたぐ―Mt. Kebnekaise登山―」　いま考えれば無謀とも思われるその単独登山行を想起しつつ（渡邉順・幸子「旅は道連れ世は情け」2010より引用）

あの冬、子ども達の一人ひとりに大きなウールのスカーフを作ってくれた。色違いの格子縞の生地に丁寧に房かがりをしてくれたのである。だが、母は外衣掛けから3色のスカーフを取り、炊き上げたご飯でたくさんのおむすびを包んだ。すすり泣きながら。

北大山岳部の冬の日高連山、ペテガリ岳での大遭難である。まだ夜の明けぬうちに馬橇が用意されて、父はベースキャンプに向けて出かけた。中札内から入山したのだろう。多分、あの夜は大樹から、坂本直行さんも出かけたのだろう、と今思う。

次の朝は、雲ひとつない天気だった。

小さな家の寝室から見える日高連山はまぶしく輝いていた。真ん中にカキッと鋭い楽古岳。スカーフを無くして外遊びが出来なくなった子ども達は、窓から連山を眺め、父親、いや、スカーフが無事に帰って来るのを心待ちにした。

数日経って憔悴しきった父が帰ってきた。だが、何故かスカーフは一枚も戻って来なかった。

そのためか、あの遭難の知らせのあった夜のことは忘れられない。（さ）

1993年2月16日　同人画誌「マーフェル」3号より転載

（注）1940年1月、楽古岳とペテガリ岳の間、コイボクサツナイ川での雪崩遭難事故をいう。登山隊員9名。葛西晴雄隊長を含む8人の若き北大生が死亡した。生存者は1名、湊正雄。

幸子の父、野崎健之助は北大山岳部OBで、世話好きの大先輩として若い部員に慕われていた。当時、野崎一家は大樹町豊似で農場を経営していた。坂本直行は当時、野崎一家に寄宿していた北大山岳部OB。

コラム7

［原因と結果］

春の花をスケッチするか収穫期の実を描くか迷うことが多い。

言い換えれば起・承＝芽生え・成長の「幼若」の時期か転・結＝展開・成熟の「壮老」の時期のものか、ということでしょうか。

何物であれ、一個体の、生から死、そして死から生に至る歴史の中には起承転結、その節目節目毎の変容と変質があり、その折りの独自の空間と時間を示してくれる。

ヘッケルの言葉を借りれば「個体発生は系統発生を繰り返す」という現象がわずか数ケ月の間に生物進化三十数億年の歴史を繰り返すという。この例としてよく引用されるのが人間の受精から誕生までの歴史、受精という「起」から無脊椎から脊椎動物、魚類から爬虫類、下等生物から高等生物へ、単細胞から数百兆の細胞群からなる頭脳の形成。

ダーウィンの進化論やラマルクの「用不用説」（＝ある器官を使用する、しないといった習慣の影響による獲得形質＝自然淘汰説の一）やヘッケルの説をもってしても、未だ十分に説明しきれない生命の進化。ＤＮＡの発見や遺伝子操作、臓器移植による実験生命科学の混乱と困惑、現代の「新ダーウィニズム」はどこへ向いて行くのだろうか。

絵を描くことからエライ方向に話題が進化？してしまった。

話を元に戻しましょう。

「個」の変容と変質が「時の流れ」とともにその「表われ方」が異なるとすれば「個」は「運動・流転する個」とも言える。幼青壮老の人為的区分は便宜的なものだが、その流転の方向は確かな足取りとして実感できる。悠々と流れる個の大河の一瞬一瞬を記憶に留め、メモすることは至難の技だ。

それを解決するために人は「二者択一」法を採用する。これは尤も明快で歯切れは良いが、その半面、安易でしかもしばしば誤解を招くことも多い。用と不用、右と左、前と後、上と下、善と悪、明と暗……、枚挙に暇がないが、全ての物事が「運動体・流転する物」と認識する以上、「変容・変質の状態」を歯切れ良く「二者択一」できる訳がない。物事の運動はそう簡単ではない。その中間点が連続しているからだ。点の連続が線であり、線は「時間の流れ」と理解することも出来るだろう。

さらに厄介なことには大河の流れは一様ではない。緩急自在は当然のこと、流れては淀み、淀んでは対流をなすこともあるだろう。

その折り目・節目に応じて全く質の異なる表情（皮相）と内実（実相）を表すからだ。この様を簡明に「起承転結」という。

科学、なかんずく自然科学は大河の流れを克明に客観的に記録しなければならない。線は点の連続であると同時に不連続、一次元、二次元、三次元の世界、それらに時間の流れを座標に入れた四次元の世界、そして五次元、六次元……ますます頭の調子がおかしくなり脱線してきたようだ。

本題に戻ろう。

原因と結果。これも奇妙な対語だと思う。

広辞苑で調べてみる。

・原因……（cause）事物の変化をひきおこすもの（原因→結果）。

・結果……実を結ぶこと、結実。（effect）原因によって生み出されたもの、また、その生み出された状態。

・結実……草木が果実を結ぶこと、結果。

・因果……原因と結果。（仏教語）基本的原因と機縁との組み合わせによって様々の結果を生起すること、四因・六縁・五果という。

ますます分からなくなってしまった。

「結果」とか「結実」と称するからには本来、顕花植物の最終生産物（実）を指して造語された筈だ（もっとも顕花植物でも不実のものもあるが）。

だとすれば、結果を生起させたもともとの要因は「花」でなければならない筈だ。原因→結果ではなく、花→結果（あるいは結実）という対語でなければならない。原因があって結果が生ずると日常的には言うのだが、本来は花が咲いて結果（結実）が生ずる、なのではないのか。もしそうなのなら、いつから花→原因に言葉が置き換えられたのだろうか。

私の屁理屈が当を得ているかどうか、いつか国語学者に聞いてみたいと思う。

事のついでに漢和辞典で調べてみる。

・原因……木の枝に実になっている形を象形。□くだもの、果実や木の実の意。□はたす、なしとげる。□思い切ってする。「果敢」□はたして。思った通りに。「果然」□はて。でき上がったこと。「結果」→因□むくい。「因果」→応酬□はてる（はつ）。死ぬ。果報、効果、業果、成果、戦果、善果、仏果。

・實……会意。家と財宝（貝）と、ゆきわたる意の母を合わせて家の中に財宝が満つ意。□み。たね。くだもの。「実質」□みのる、みのり。□みちる（みつ）。みたす。「充実」□まこと、まごころ。事実。「真実」↓虚□じつ。じつに。誠意。「実がない」。

・用例として

実意、実印、実益、実演、実家、実害、実学、実感、実技、実況、実業、実兄、実刑、実景、実検、実験、実権、実現、実行、実効、実際、実在、実子、実姉、実施、実質、実写、実社会、実収、実習、実収、実証、実情、実生活、実績、実戦、実践、実線、実相、実像、実測、実存、実体、実態、実弾、実直、実働、実物、実務、実名、実利、実力、実例、実歴、実録、実生、確実、虚実、堅実、現実、口実、故実、史実、事実、質実、写実、充実、情実、真実、誠実、切実、着実、忠実、内実、無実、名実

などがある。イヤハヤ……

さて、ドイツ鈴蘭の実を秋の真駒内公園（札幌市）で見つけました。枯れ草の蔭で目立たない故か、誰も気付かない寂しげな株2つ3つ。

公園で遊んでいた十人ばかりの中学生に聞いたところ正解者なし。丁寧に説明してあげたら、一同「どうもありがとうございました。大変勉強になりました」と挨拶された。とかく批判される中学生だけれど、マンザラ棄てたものでもない。

初夏の、白花の清楚なスズランも良いが、秋の赤い実二つ三つまたいとおかし。（じ）

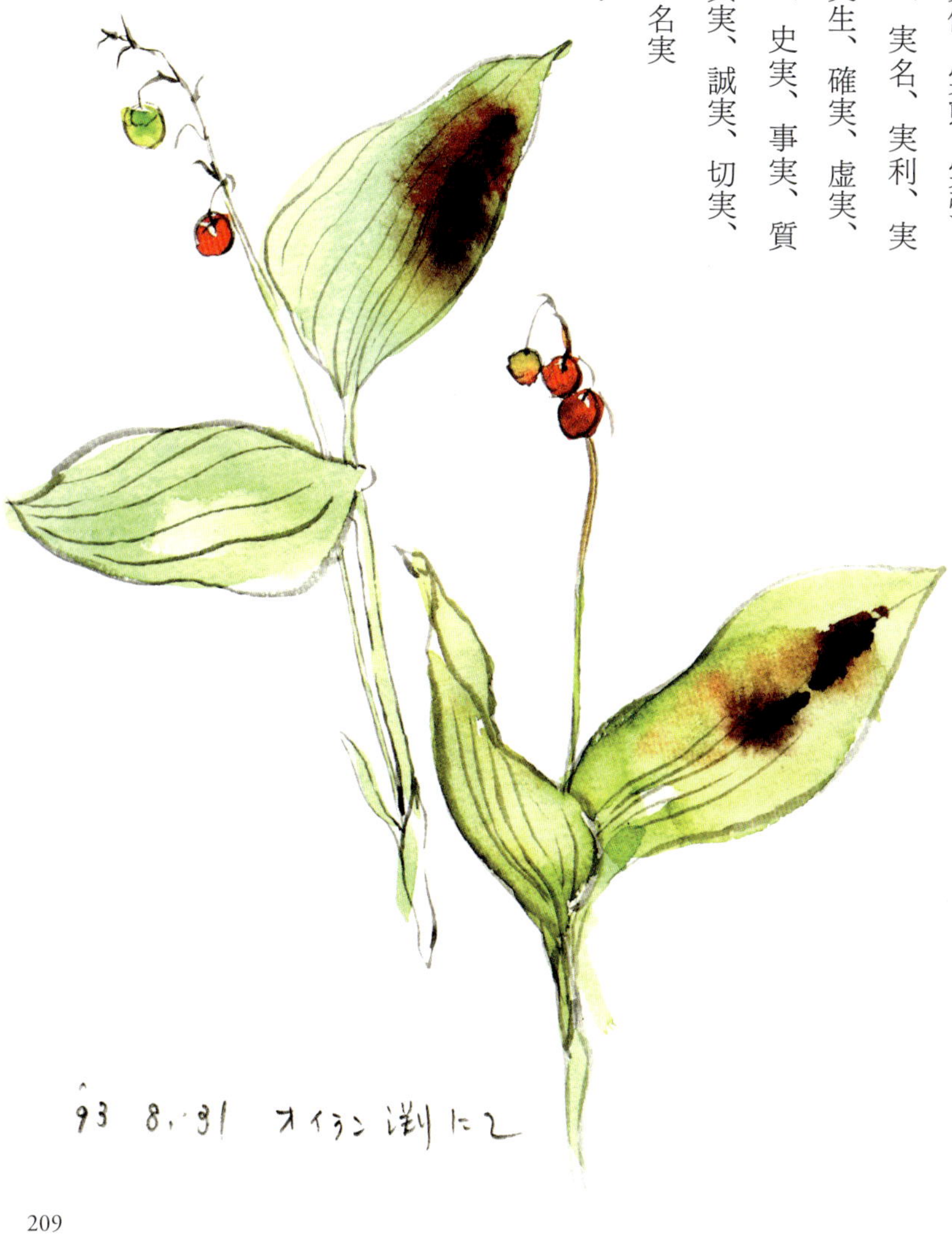

コラム 8

［原風景］

人は、幾つになっても心に焼き付けられた風景を持つ。誰もが心にふるさとを焼き付けている。

丘の下に、鍵形に続く大きな厩があった。

牧柵の向こうには塩くれ場の飼料桶があり、何頭もの馬が塩を嘗めに来ていた。

「ポー、ポー、ぽー、ぽー」と呼ぶ。

どうしてぽーぽーぽーと呼ぶかは知らないが、どの馬もその呼び声に応えて大人しく近づくのである。ふっさりとした長く黒い尾を持った馬達。

あれは春であったに違いない。父がいて母がいて、弟妹がいた。

丘の下の沼沢地では、ヤチダモの林から鳥達の賑やかなさえずりが沸きあがっていた。ワラビの束を持っていた。フキの柔らかな茎も持っていたように思う。様々な花が咲き乱れていた。今になってみれば何という花かは判らない。いや、記憶の中では様々な花が季節を越えて咲き乱れているのだ。切り倒された大きな木の幹を、やっとの思いで乗り越えた時　そこに小さな椀形の小鳥の巣を見つけた。生まれたばかりの雛鳥が大きな口を一瞬開いて、またうずくまった。開かぬ大きな眼球を持った、裸の雛鳥。

あの土地では、全てが新しく、全てが美しく神秘に包まれていたと思う。

手作りの紺サージのスカートと輝くようなタンポポ色のセーター、真っ赤なランドセルが三すじに伸びる田舎道を歩く。三すじのまま、道はどこまでもまっすぐ。昔の道は荷馬車道。今はどんな田舎でも轍の跡しか見られない。もう馬小屋には馬はいないから。

空には鳶が舞い、藪かげに地鼠が走り柏の小枝にはリスが跳ね、小鳥達の歌に満ちた牧場の道を急ぐこともなく家を目指して帰る。道草はいつも畑を耕す家人達に温かく見守られた。

春耕を急ぐトラクターの音が遥かな草地の果てから暖かな土の匂いを運びながら近づきそして遠のく。長閑な牛の声も聞こえる。

農場の時は全て鐘の音で進行した。「ご飯だよ」「休憩終わり」「おやつだよ」「仕事終わり」……だが、ときとして狂ったように鳴り続けることもある。深い霧の日。

夏の初め頃、太平洋から吹き寄せる風は濃い乳色の霧を連れて来る。それは突然来るので放牧場からも、ときには畑からも戻れなくなる。スイス製の鐘は高いイチヰの木の枝で揺れる。澄んだ音色が霧を超えて鳴り響く。カラン、カラン、カラン、カラン……。仲間の全てが揃うまで絶え間なく打ち鳴らされた。子ども達が動員されたのは言うまでもない。

学校は複式。6年生と一緒。6年生はみんな大きくて優しい。

学校の記憶から言えば1年生なのだ。あの歳の冬にあそこを去ってしまったのだから。

枯れかけた道端の藪の群から、音もなく大きな大きな藍色の瞳が覗く。仔馬のようでもっと繊細。枯れ草色の大きな動物。首を延ばしてじっと見おろす。現在のように増えすぎていなかった頃のエゾ鹿は当時、禁猟獣。見つめ合って両方が動けない。あんなに大きくて、あんなに美しい鹿にはあれから会っていないように思う。ランプのホヤの下で、「お母ちゃん、小さな茶色の仔馬に会ったよ」。だが、誰も話の中身が判らない。夜の田舎道を遠くから駆けて来る馬の足音。暗い暗い凍てついた道。犬達がけたたましく吠え始める。駆け込んで来たのは隣の農家。熊が出たのである。豚小屋に入ったと言う。明日からは学校に行かない。熊をしとめるまでは。父は書斎からライフルを持ち出す。

牧夫達は厩と牛小屋に分かれて泊まり、一人歩きはしないこと！　鶏小屋と羊小屋には犬達がつながれる。家中に緊張が走り、子ども達も眠らない。夜中にクリマリーでがらがら！とすごい音。熊は牛小屋を襲ったのである。

夜明け、父達は馬に乗って出かけた。大きな隠しようもない足跡を残して、追跡を振り切ることが出来なかった熊は、その日のうちに撃たれた。部落のみんなで分けて持ち帰った肉は、決して旨い物ではなかったが、子ども達は面白がって食べ、テーブルの下で熊になって遊んだ。ほの暗いランプの光を見る度に想う無邪気な小熊達。

十勝平野に雪は少ない。だが、吹き募る地吹雪が荒れる時、風下の戸口も窓も軒下まで雪に埋もれる。

夜半、ごうごうと荒れ狂う風は、閉ざされた小さな部屋のほのぐらいランプの夜も揺らめかせて消した。窓はがたがたと揺れ、粉雪が窓枠にあたかも砂丘の様な形に埋もれる。

「怖いよう……お母ちゃん！　怖いよう……怖いよう！」お母ちゃんは、子ども達を身の回りに集める。小さなお姉ちゃんは、「死と少女」を思って怯える。手回しの蓄音機から流れる遠い外国の死神と子どもの歌……。

眠るともなく眠って、音の無い朝が来る。窓の外は薄水色。玄関のガラスも薄水色。すっかり雪の下。やがて、玄関の向こうに雪をかく音。救助隊が来た！と子ども達が騒ぐ。でも何故か外から玄関を掘り出したのはお父ちゃんだ！　実は裏口には、一片の雪も無いのだ。

瞼の裏に蘇るものは、鮮やかな彩りを持ち鮮明な音を伴う。時が磨き上げた光は一層輝きを増してまぶしい。

誰がこの想いを描けよう。　（さ）

１９９３年１月　同人画誌「マーフェル」１号

エーデルヴァイス（インスブルックAustriaの市紋章、水彩 '94.9）

コラム 9

［紅葉《モミ》・黄葉《モミ》づ］

紅葉の美しい季節となった。

萌え出る新緑・浅葱色・鶯色の透明度の高い、新春の緑、そして濃緑の混色の盛夏の緑を経て、その短い一生を終えようとする葉。

緑の色素クロロフィルが分解し、紅色の色素アントシアンが新しく合成され、同時に青色素がとれ黄色の色素カロチノイドが残留する、単なる化学変化のなさしめる技なのだと分かっていても、理屈抜きに美しくも哀しい有終の美、そして落葉。

だが生命はこれで終わるのではない。姿形を変え、すでに翌春のため、薄緑色の冬芽を硬い萼に包み、その葉柄の付け根に孕んでいるその逞しさ、その凄さ。すべて翌春のため、すべて子孫のため、葉はその役割を終える。終わりは始めであり、始生は終生。次代のために滅私する輪廻の機微。

私たちはそこに多くの教えを学ぶ。

天の配剤に感謝せずばなるまい。

10月を紅葉月（陰暦9月）という。

古い言い回しの、

もみつ（紅葉つ・黄葉つ）＝紅葉。黄葉する

・秋山にもみつ木の葉の……（万葉）

もみづ（紅葉づ・黄葉づ）＝紅葉・黄葉する

・斯くばかり紅葉づる色の濃ければや……（後撰）

もみたふ（紅葉ふ・黄葉ふ）＝紅葉・黄葉し続ける、紅葉を重ねる

・浅茅山時雨の雨に紅葉ひにけり……（万葉）

もみたす（紅葉たす・黄葉たす）＝紅葉・黄葉させる、露や霜が葉の紅色・黄色を染め出す

・春日の山をもみたすものは……（万葉）

などは、昔の人たちが自然から何かを学ぶその感受性や美的センスにいかに卓抜していたか、その言葉、その言い回しからだけで歌の背景色彩が彷彿としてくる。

・山くれて紅葉の朱をうばいけり（蕪村）

蕪村の脳裏には暮れなずむ山端の紅葉色がいつまでも残像として留まっていたのだろうか。

絢爛たる紅葉の競艶を「錦織りなす……」と見立てる私たち日本人の美意識は華やかのものの裏にひそむ、いわば「陰の部分」をしっかりと見通した哀しさ、生のはかなさ、諸行無常の仏教思想に裏打ちされたものに違いない。

京都市に一時住んでいた時、寂光院のあの華やかな紅葉は盛者必衰の思想、ここでは平家一族の「権勢と末路」を弔った建礼門院の「光と陰」の想い、そのものだと感じたことがある。

（絢爛たる紅葉を文字に表わすのは日本人と言えども不可能に近いものらしい。「錦織りなす……」といっぱひとからげに表現する以外に方法はないものか。文字では無理、だからこそ、織物や絵筆で紅葉・黄葉を表現したのではあるまいか。

そもそも「錦」「錦織り」とは金糸、銀糸。絹糸・紅絹を用い紅葉を模写した織物。だから、「錦織りなす紅葉」などは表現がアベコベで言語学的には間違い。「紅葉の錦」という表現もしばしば文学作品でお目にかかるがこれもいかがなものか。また、比喩的に用いる「美しく立派なもの、名分のあるもの」の意味の言葉、たとえば「―の御旗」「故郷に―を飾る」などは陰の部分を切り捨て名分栄達だけを強

9月の末にはもう北極白樺は絵のように早々に黄葉してしまう。北海道産のダケカンバはまだまだ青々としているのに。

（我が家にて 水彩 '12.10.6）

調している点で後世の人の誤用。私の最も嫌いな言葉の一つ)。

にもかかわらず、日本人は「錦」という言葉が大好きだ。「錦秋湖」など地名につけたものも多い。なぜなのだろう。

林間に紅葉を焚きて酒を暖む
林間に酒を煖《あたた》めて紅葉を焼《た》く。

紅葉狩は春の観桜とともに日本人の大好きな遊び＝観楓の催し。

これに因んで次は、庶民のいささかケシカラン話。

お江戸にも紅葉の名所はいくつもあった。

・紅葉狩りどっちへ出ても魔所ばかり
・海晏《アン》寺真っ赤な嘘のつき所
・紅葉より飯にしようと海晏寺

江戸庶民が足を向けた紅葉の名所は北（吉原）も南（品川）も色遊びの魔所だった。現在の品川区南品川五丁目にある海晏寺は、紅葉の名所でもあったが飯盛女（宿場女郎）のいた品川宿に近かった。この寺は紅葉のように真っ赤な嘘の口実をあたえるところとしてよく利用された。紅葉狩りより飯（盛女）にしようという魂胆。

吉原は紅葉踏み分け行く所

浅草竜泉寺町の正燈寺は紅葉の名所。

・正燈寺妻恋う鹿は帰るなり
・正燈寺なに枯れっ葉と過ぎ通り

恐妻家は紅葉狩りだけで帰るが、多くのトラは紅葉を枯れ葉だ（＝時期が過ぎた）と言い訳し、生きた花のいる色街へ急いだという。

以上に見るように、日本人は一般に言語の上でも行動においても繊細な、愛すべきディレッタントだと思う。

日本語は美しい。大事にしていきたいと思う。

これが欧米人だと「紅葉」を[red leaves, scarlet-tingled leaves or autumnal tints]（赤い葉、スカーレット色の葉または秋色葉）と言い「紅葉する」を[turn red or crimson]（赤またはクリムソン色になる）と言う。「紅葉狩り」を[an excursion for viewing scarlet maple leaves/autumnal leaves]（スカーレット色または秋色の葉を観る小旅行）とでもなろうか。事のついでに言えば「絢爛たる錦の彩り」は[be full of colours]（色彩でいっぱい）だ。「錦絵」はナント[a colour print]（カラープリント）。「侘び・寂び」はいかに日本通の外人と言えども[wabi, sabi]（ワビ・サビ）と言う。彼らの発想は豊かなのだが表現は実に貧弱だ。

このような言語圏からシェクスピアやワーズワースのような文豪や桂冠詩人が輩出したとは不思議なことだ。

（じ）

コラム 10

森の恵み

大都市札幌とはいえ、さすがは北海道。ほんの少し町を出れば山の幸は豊かである。

秋はキノコ、さまざまなキノコが採れる。

秋の山は一人がよい。日ごとに短くなる陽光を浴びて、風の歌、林の中のざわめき、そして自分との対話を楽しみながら歩く。

妖精がいるという証はない。だが、一夜のうちの山の変化を見ると、妖精がいるのじゃないかと思うことがある。そんな時には、自分もトロルの一匹になった気分である。

どこに行くかは気分次第。入る山で採れるキノコの種類が変わる。

カラマツ林は歩きやすいが、採れるキノコの種類は少ない。ラクヨウキノコ。落葉を被って光っているのを見る喜びは格別である。だが、本当においしいのはホテイシメジ。群生していてもほとんど採られない。魔法がかかっているから。お酒を飲むと一大事になる。晩秋には同じ林でもキヌメリガサ、オトメノカサなどの小型のキノコが採れて、おろし和えが大変美味しい。

常緑針葉樹林は少し暗くて怖いが、キノコの種類は多い。赤いベニテングダケや茶色のテングダケが幾重もの

フェアリーリングを作っている。だが、猛毒なので手を出すわけにはいかない。そんな時、背後にキラキラした木漏れ日のような笑いを聞くように思う。

「怖がっていたよ！　ハハハハハ！」

「触らなかったネ！　ウフフフフ！」

落ち葉の中からゆで卵がそっと持ち上げられ、赤い笠と黄色い茎のキノコが生える。いかにも妖精らしいではないか、いかにも毒キノコらしいではないか！　だが、これは皇帝のキノコと呼ばれてきたほど美味しいタマゴダケなのだ。ポピュラーなのはハツタケ。ぼそぼそと不味いので蹴飛ばす。マツタケやモミタケに出会う大当たりの時もある。忘れぬようにメモする。来年も恵んでくれるから。

いかにもキノコらしいふっくらとした茶色のカキシメジ。これも猛毒である。ほら！　笑っている。キラキラと音のない笑い。

「美味しそう！　美味しそう！　採りなさいよ！　採りなさいよ！　ハハハハハ」

広葉樹林はもっと面白い。生えている木によって恵まれるキノコも異なる。

まだ夏のうちに倒木や立ち枯れを埋め尽くすキノコがある。派手な黄色だからすぐ見つかる。タモギダケだ。大きな群生は大きなリュックに三つにもなる。同じように木に群生するのはナラタケ、スギタケ、ハリタケ。そして晩秋にはムキタケ、ナメタケ、ナメコなど。まだマイタケには会っていない。

足の踏み場もないほどのキノコの群れに当たることがある。そんな時、たった一人で競争することなどないのに、妖精に消されてしまいそうに思えて、いつも慌ててしまう。ハタケシメジ、ホンシメジ、ナラタケ、ツチスギタケ、オシロイシメジ、シモフリシメジ、シャカシメジ、チャナメツムタケ、キナメツムタケ、ムラサキシメジなどである。

秋の恵みはキノコだけではない。森の中をキウイの香りが漂う。サルナシかミヤママタタビなのだ。たちまちトロルは羆《ひぐま》に変身。年甲斐もなく高い木の上にいる。甘い秋のおやつ。だが笑いが聞こえるようだ。

「食べてるよ！　食べたよ！　ウフフフフ」

「知っているのかしら？　明日が怖いよ。明日の朝だよ。面白いネ。面白いネ！　ウフフフフ」

そう、舌が割れてひどく痛い思いをするのだ。それにお尻も痒くなる。

深紅の山ブドウの葉が呼びかける。

「ここだよ。ここだよ。たくさんあるよ」

しっかり記憶にとどめて霜が降りるのを待つ。霜に打たれた山ブドウと、夏の終わりのキイチゴのジュースは冬の夜の楽しみとなる。

（さ）

「北の暮らし」12，１９９２　北海タイムス社　より転載

コラム11

［走る線］

失礼とは存じますが、自己紹介させてくださいませ。

私のスリーサイズはBが6・94（直径で2・2）で、WとHもBと同じ、ズンドウな体躯でお恥ずかしいのでございますが背丈だけは65・66とスリム、脚は足先にいくほど細くなり、因みに足のサイズは0・25でございます。自分で言うのも何でございますが脚線美の八頭身美人だと自負しております。しかも頭部は栗色の「こけし人形」で飾りたてておるのでございます。エッ！　単位は何か？とおっしゃるのでございますか？　失礼をば致しました。全てミリメートルでございます。体重は0・15グラム。

生まれは北海道・北見の置戸町、氏素性はあまり申し上げとうないのでございますが実は白樺に生をうけております。えエ！　北海道ならどこにでも生えておる、あの「しらかんば・だけかんば」でございます。まだ私の名がお分かりにならない？

ではもう少しお話を続けとうございます。

私の親戚筋に「黒文字」一族がおりますが、あれは貴族みたいなもので気位だけは高く鼻持ちなりません。黒文字というクスノキ科の落葉灌木に生を発した者で、「人間」の職人が一本一本、しかも樹皮の一部を残して丁寧に削りあげるものでございます。クスノキは北海道にはございませんので私どもにとっては馴染みが薄うございますが、西日本なら、どこにでも生えております。樹皮は帯緑黒色で香気を発する腐りにくい樹木で、楠とか楠木とか書くようでございます。今でも本州ではお歳を召したご婦人が「黒文字をくださいませ」とお店で言われるのを聞くことができます。今でも決して「死語」ではないと信じております。一昔前までは庶民の日用品でございましたが、今ではなにか「高級感」を装い、商品をイメージアップするための「添え物」的役割をしか持たされていないのでは？　そんな印象すら受けるのでございます。和菓子とか伝統的食品などの分野で働いておるようでございますネ。それはそれなりに懸命に生き延びて戴きたいと祈念致しておるところでございます。

しかし、私はそんな一族とは親類付き合い致しとうはございません。なにせ、私は「生めよ殖やせよ」の大量生産、機械化・規格化された製品、肌が合う筈がございません。北海道では北海道らしく、その風土で供給される材料で、道産子らしく逞しく生きていきたいと思っております。

　道産子と申せば私の従姉妹に「ヤナギ科」に生を受けた者がおりまして、本来の役割と申しますか任務と言いましょうか、それをやり遂げるために文字通り「身を摺り減らし命を縮めて」仕事をしております。あの「黒文字」一族とは肌の合わぬ、庶民派の似た者同士の連帯感なのでございましょうか、同じ仕事を致しておる者に共通する「友情と連帯」すら感じております。このヤナギ一族とは「人間族」の健康維持のために、お互いにエールを交換しております。今ではおかげ様で道産子勢は国内の90パーセントの市場占有率を占めるようにもなりました。国外への輸出も年々増えてきておるそうでございます。

　しかし、私たち眷族は、貴族であれ庶民派であれ、いずれにしろ、どんなに頑張ってみても、所詮は「ポイ捨て」の運命であることはご存知の通りでございます。そのはかなさは「かげろうの生命」よりも短く、軽きこと「鴻毛の如く」、働く時間にすれば5分もない、こんなに悲しいことはございません。「割り箸」の無駄使い・その資源の浪費を憂う人は多うございますが、私たち同族の悲しさにも慈悲の心を賜らんことを伏してお願い申し上げたいのでございます。

　こんなにお話ししてもまだお分かりにならない?!

　私たちは直径5センチ、高さ7センチ強の透明なプラスティックのケースに３６０本、文字通り一束に梱包され、金１２８円也で店頭に並べられております。

　さようでございます、私の名は「つまようじ」、「爪楊枝」とも書くようでございます。「楊枝」は「楊子」とも。「楊子」は中国語では「柳」を意味致しますから材質・出生の秘密は理解できますが、ここで何故「爪」なのかは存知あげません。因みに「刺身のつま」は「添え物」の意味だと聞いておりますから語源が違うのでございましょう。

　最近、ご主人さま(何とお呼びすれば宜しいのか……今後、こうお呼び致しとうございます)がスーパーマーケッ

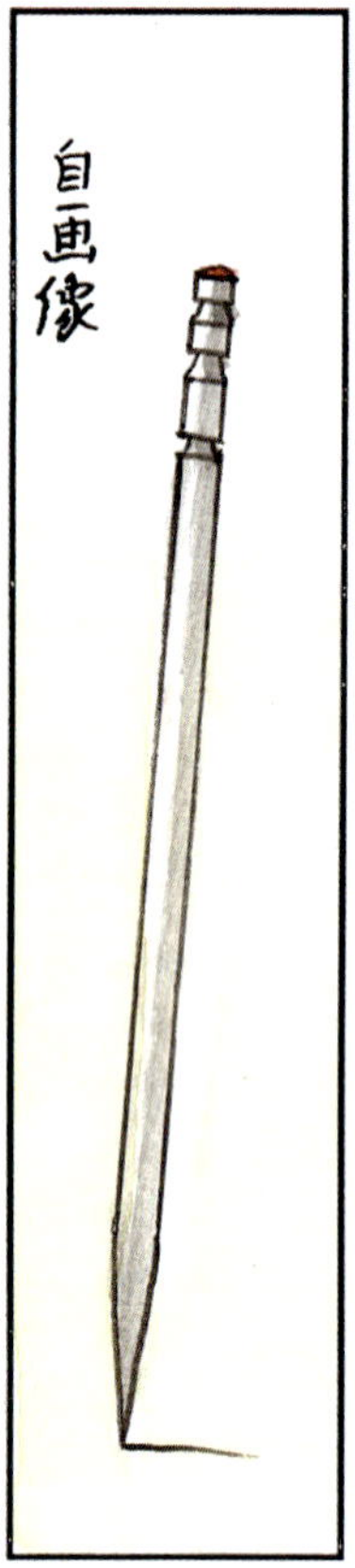

トに行かれ、私をお買い上げになられました。それ以来のお付き合い、日夜、可愛がって戴いております。

ご主人さまの申すには「お前はよう働いて呉れはる！描く線はよく走り、墨や顔料の載りもエエ！　体（＝材）質も柔軟で弾力性に富んでおる。しかも耐磨性もあり足腰が丈夫だ！」だとベタ褒めなんでございますの！

こんなこともございました。お仲間とご一緒にやってこられる画誌の11月号5ページの「イチヰ」（本文121ページ）を描かれた時など、私を使って墨入れされたんです。何と私1本で10枚も！　私、足腰がひどく痛く死ぬ思い！でも一生懸命頑張ったのでございます。お蔭さまで背丈も足のサイズもちっとも変わらず、10枚で何百メートル（事実）も走りまわったような疲れがドッと！　でもご主人さまにご満足戴いて「本当に私は果報者」と感じております。

でも、私、とても変な気持ですの！　私のお仕事は「人様の歯をほじくったり、食べ物に刺して食べ易くして差し上げること」だと信じておりましたので、ご主人さまのような「使い道」など前代未聞でございましたから。

「竹ペンはよく走り、葦ペンもなかなかの味、お前も負けず劣らずの働き者、足腰が強く、そして何よりも安価だ」と最大級の賛辞を贈ってくださるのですが、少し気になることも……

「下半身は申し分ないが上半身はどうも……手に馴染まない！」ですって！　使う目的が違うんですもの、仕方がありませんワ。

それも間もなく解決。ボールペンの芯を抜き取り、替わりに私を嵌め込んだらピッタリで手にも馴染まれたよう。

ご主人さまとのお付き合い、ますます深くなりそうな予感！

一パックに360本、一生かけても使い切れぬ事でございましょうから……。

（じ）

コラム 12

［二月に］

2月はまだ雪の中。

きらきらの日向にうずくまって、太陽光を浴びているのは本当に楽しい。

芽を出したばかりのフキノトウのようにぬくぬくとうずくまり、それからウーンと野良猫のように身体のそこここを伸ばしてみる。

そんな日には太陽は真っ白でまぶしく、大気は豊かな酸素に満ち、しっとりと水気を含んで、かすかに土の匂いが雪の下から這い上がる。

まだ裸の梢に珍しく小鳥の群、賑やかに残り実を求めて舞い降りそして舞い上がる。空は輝かに青く、光に満ち、大気はあくまで白く、そしてまぶしい。

おお、なんとうれしい春の予感！

日向の雪の壁が細かいガラスのかけらの様にきらきらと光を留めて、それからカサリと微かな音を残して崩れる。

崩れ残った雪の壁には、透き通った細い氷柱《つらら》が何本も何本も垂れ下がりまるで注射針の様にとがって、輝く滴を育て、かわるがわるに光を詰め込んでは落としている。

ティン、トン、ティン、トン。テティントン、ティン、トン。とかすかな音が聞こえそう。

でも、本当はまあるく小さな穴が雪の中に並んでいるだけ。だが、これで十分。

南風に乗ってきた春は、するりと土なかへ。するりと私の中へ。

土の中で植物が背伸びする。ジュワッと春が根の中に入る。ジュワッと爪先から私も若くなったように思う。

まるで野良猫の様に、ギューンと背を曲げて、それからウィーンと反り返り、一人で笑ってしまう。

日向の日曜の午後。

至福な私の日曜の午後。


（さ）

1993年2月　同人画誌「マーフェル」3号より

You will never
be lonely
if nature is with you
92.4.24
順
じ

懐かしい牧場の一風景
（水彩＋墨絵 '92）

コラム 13

［父方の祖母］

父方（野崎健之助）の祖母（野崎　楽）が80歳の時、描いた日本画が私の手許に残されている。Ｂ５版のベニヤ板の表面に男女雛の一対を描き裏面に「八十歳　寿楽画」と毛筆で書き落款を押している。画風といい筆致といい、かなりの教養のある祖母のように思われる。

ベニヤ板と岩絵の具でグワッシュ風（不透明）に描いている技量は大したものだ。画紙や絹布をカンヴァスに使用すると往々にして画材の酸化や虫食い破損を蒙ることがあるが、その点、板画はその心配が少ない。ただし、その代償として「透明感」の色彩は望みえない、どうしてもグワッシュ風になってしまう。いずれにしろ、それは作者とその所有者の好みの問題だ。

私は父方や母方の家から、たくさんの「雛人形」を頂いたが、今、手元にあるのはこの絵だけになってしまった。私の宝物。

台所の板壁にひっそりと額縁入りで佇んでいたのを「放置しておくのは勿体ない」と相棒殿がここに紹介してくれたことを感謝している。（さ）

コラム 14

［ブラウニィ］

子どものための童話本には様々なキャラクターを持った妖精達が現れますが**ブラウニィ**もその可愛らしい妖精の一人です。彼女は古くからスコットランドに棲んでいるそうですが今度は北海道の虻田郡喜茂別に移住してきました。夜中にこっそり台所に現れて台所で家事の手伝いをする働き者の小母さん妖精です。でも時々いたずらをする御茶目な一面もあり、周囲の人びとに笑いと安らぎを振舞ってくれる楽しい妖精です。

彼女が喜茂別に定住したらきっと皆さんに楽しく、愉快に、笑いと働く喜びを示してくれるでしょう。そして何よりも自然から与えられる豊饒の実り（春・夏・秋の山菜やキノコなど）をいろいろ教えてくれるでしょう。

私の連れ合い、幸子が―退職後の自由な時間を山野で過ごし跋渉する、自然を満喫し天与の贈り物に感謝する毎日を過ごしたい―こんな思いから喜茂別に無人販売所（**小鬼の家**と名付けたそうです）を開きました。その内容は次ページのお知らせチラシの通りです。彼女はリトル・ブラウニィ（店主）などと自称していますが、ブラウニィ小母さんの手助けがあってのことでしょう。みなさんもブラウニィ小母さんに出会って、春夏秋冬の山菜やキノコそしてその食べ方や保存法やらの様々を教わるといいですネ。

こんな思いで「お知らせ（チラシ」を作った彼女でしたが、開店早々、膝関節の手術（人工関節とりつけ）、次いで2回にわたる心臓手術・ペースメーカー取り付け、などで歩行が困難になりました。現在はリハビリに励み「夢よ再び」と張り切っています。

彼女は地球科学（地質学）を専攻しましたので山野の調査は得意なはずでしたがどうしたことでしょう。あっという間に「開店のお知らせ」は「閉店のお知らせ」に変わりました。当初の夢をかなえられずとても残念でなりません。

（じ）

［お知らせ］

山菜の無人販売店　開店そしてすぐに閉店（幸子の店「小鬼の店」）

幸子が退職後、大好きな山菜を「山菜大好き人間」に無人販売するために用意したお知らせビラです。でも開店して間もなく彼女は心臓手術をし、それ以降歩くことができなくなりました。それですぐ閉店、とても残念です。

（じ）

「小鬼の家」　開店御挨拶

この春、雪が溶けたら、亜木人さんの敷地内で、季節の山の幸を商う小さな無人販売所「小鬼の家」を開かせて頂くことになりました。

季節の風の中で大地と光が恵んでくれる物を、季節に応じて楽しみながら集め、新鮮な物を提供していきたいと思っていますので、行楽帰りのおみやげなどに御利用頂ければ幸いと存じます。

山菜には、美味しいものが沢山あって、おまけに無農薬です。召し上がり方で不明な点がありましたら、マスターにお尋ね下さい。説明して頂けるようにお願いしてあります。

山菜の他にも、季節ごとに、野生の果実のジャムや、アルコール漬け、薬草茶、ハーブ、ドライフラワーや、リース、秋にはきのこなども並べたいと思います。

また、お客様の中に、「こういう物を集めて欲しい」というご注文があれば、お申しつけ下さい。出来るものであればご注文に応じて努力致します。

五月は、ぎょうじゃにんにく（あいぬねぎ）、こごみ、ゆきざさ・あまどころ、うまわさび（おかわさび）、たらのめ、うど、せり、みつば、おらんだみずがらし、餅草用のよもぎ、などの季節です。

もし召し上がりたい方がおいでになれば、かたくりの新芽、やちぶきの葉柄、しやく、にりんそう、いらくさ、あざみ、ぼうな（よぶすまそう）、峠近くのふきのとう等を用意出来ます。

六月は、たけのこ、わらび、ふきの季節です。越冬用の塩漬けの分も含めて、沢山採集したいと思います。

たけのこと、わらびは、採集した日に処理しなくては味が落ちますので、新しいものをご利用になりたい方は、午後2時過ぎにお寄り下さるとその日のものを御渡し出来ます。

また、わらびの処理に必要な木灰も用意致します。

七月は、主に野草茶や、香りを楽しむハーブ茶、薬草、ポプリ等の材料を集める月です。集めることの出来るリストは次の通りですが、山野草を無駄にしたくありませんので、沢山必要な方は予めその量をご注文下さい。

ウッドラフ、ロシアンカモミール、ミント、ローズ（はまなし）、よもぎ、ちしまざさ、いかりそう、（沢山は採れません）どくだみ、げんのしょうこ、すぎな、かこそう、やまぐわ、かきどうし、おおばこ。

なお、御注文から、製品が出来上がるまで二週間かかります。

七月の終わりには、ハスカップ、八月の半ばには、きいちごが稔ります。いずれもジャムを作りますが、さつと潰して煮た後は、ざるに上げて、滴る果汁だけを集め、砂糖だけで作る、増量材、酸化防止剤無しの贅沢な作り。何処に出しても自慢の出来る品です。

有るだけ売ったら終わりの限定品。作り方は、亜木人さんのと同じなので、亜木人さんのメニューでお試し頂けると幸いです。秋には、おなじ作り方でやまぶどうのジャムも販売致します。お楽しみ下さい。

八月半ばを過ぎると、いつ始まるか分からないきのこの季節です。こればかりは、いつ用意出来ると申し上げることは出来ません。ときどき、亜木人さんに電話連絡なさると、有るかどうかが分かります。もし有れば、取って置いてくれると思います。ただし、きのこは日持ちしないので、すぐ取りにきて頂かなくてはなりません。らくようきのこ、たまごだけ、ぼりぼり、つちすぎたけ、すぎたけ、しめじ、むらさきしめじ、しろしめじ、えのきだけ、むきたけ、きぬめりがさ、さくらしめじ、しもふりしめじ、おおもみたけ、ほていしめじ、ひらたけ、たもぎたけ、こがねたけ、なめこ、ちゃなめつむたけ、きなめつむたけ、はりたけ等が、巡り会えれば用意できます。

秋は果実酒の季節です。こくわ、またたび、みやままたたび、やまぶどうの焼酎漬けを用意します。木苺、ハスカップも沢山採れたなら作ります。

年の終わりには、クリスマス用のリース、ドライフラワー、塩蔵のふき、たけのこ、わらび、うど等（もしのこっていればジャムも）の販売を予定しています。なにぶん、楽しみながらの働きですから、どれだけ実行出来るかまだ未知数ですが、沢山の方々に可愛がって頂ける様努力致しますので宜しくお願い致します。

「小鬼の家」店主　リトル・ブラウニィ

ブラウニィ・・スコットランドに古くから棲む妖精で、夜中にこっそり台所の手伝いを致します。

イメージ・キャラクターのブラウニィは、草木染め織物「樹生」の本富さんに描いて頂きました。

コラム 15

菫に寄すオマージュ

菫《すみれ》

一本の菫が牧場に咲いていた、じっとこごまって、人知れず。ほんとうにかわいい菫だった。

そこへ若い羊飼いの娘が足どりも軽く、陽気な気持でやってきた、牧場をこえてやってきた。そうして歌った。

ああ！と、菫は思うのだった、わたしが自然の中で一番きれいな花だったら、ああ、せめて、ちょっとの間だけでも、あの子がわたしを摘みとって、胸もとに凋むまで押しつけてくれたなら、ああ、せめて十五分が程だけでも。

ああ、だが、乙女はやってきて、菫に眼を向けるでもなく、かわいそうな菫を踏んずけてしまった。

菫はしぼみ、死んでしまった。でも、菫は喜ぶのだった。たとえ死んでもわたしはあの子のために、あの子の足もとで死ぬのだ、と。

かわいそうな菫よ！ほんとうにかわいい菫だった。

Das Veilchen

Ein Veilchen auf der Wiese stand,
gebückt in sich und unbekannt:
es war ein herzigs Veilchen. Da kam
eine junge Schäferin mit leichtem Schritt
und munterm Sinn daher, daher,
die Wiese her und sang.
Ach! denkt das Veilchen, wär ich nur
die schönste Blume der Natur,
ach,nur ein kleines Weilchen, bis mich
das Liebchen abgepflückt und an dem

Das Veilchen.

(Geothe.)

Busen matt gedrückt, ach nur,ach nur,
ein viertel stündchen lang.
Ach, aber ach! das Mädchen kam und nicht in
acht das Veilchen nahm,ertrat das arme
Veilcen. Es sank und starb und
freute sich noch:
und sterbich denn, so sterb ich doch durch sie,
durch sie, zu ihren Füssen doch.
Das arme Veilchen!
es war ein herziges Veilchen.

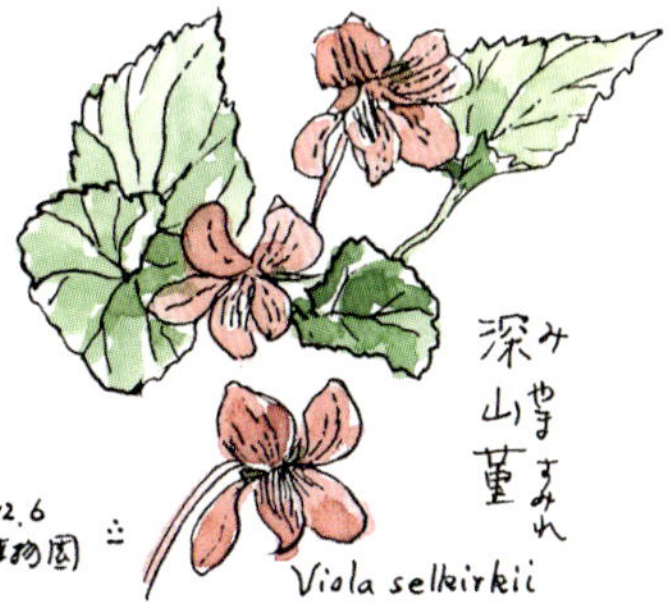

なんと美しい詩なのでしょう！ゲーテの手になるこの詩に感動し、モーツアルトが一七八五年六月八日に作曲した。彼の歌曲の中でも一番有名なものの一つで、作品番号K四七六。

ワイマール憲法を制定し、市長だったゲーテの見た、すみれは何色だったのだろうか？作曲の時節も六月、ドイツの五月から六月にかけての季節は風薫るもっとも麗しい季節である。

（柊）

コラム16

スウェーデンのワラビ

日本ほど四季の変化に富み、降雨も多く、そのために植生に富む国もあるまい。南北に長い島嶼であり、中緯度で梅雨もあり、また台風の通り道でもあることもその要因だろう。

一方、国外に目を転ずれば砂漠地帯は論外として、大陸域は本当に植生が乏しい。赤茶色の景色を見ると地球が可哀相に思えてくる。

スウェーデンも植生は豊かではない。高緯度でありその大半は北極圏にあるために夏季が短く冬季が長い、雨が少ない、紫外線が弱い、土壌の発達が悪い、などの理由によるのだろう。冬季は思ったより寒気が厳しくない。精々マイナス20か30度程度、メキシコ湾流の影響だ。ストックホルム市（北緯60度）ではマイナス10度になることはめったにない。

半年以上の長い冬季をなんとか過ごした後の望春の思いはひとしおのものがある。

春先、彼の国の山野を跋渉していると、突然、山菜を食いたくなることがある。しかしながら、フキノトウやゼンマイ・コゴミ・ウド等はついぞ見たことがない。

20年前、南部スウェーデンのヴェステルヴィクという海岸地帯を調査していた時、ワラビを4、5本見つけた。大変珍しい。さっそくキャンプ地に持ち帰り、当日の食事当番に調理を依頼したら、当のスウェーデン人、不思議そうな顔をする。「食えるのか？」「どうやって食うんだ？」

彼らには山菜を食する習慣は全くない。ただし、キノコはよく食べるが栽培ものだ。

しかたがない、わが日本男子が調理させられるハメとなった。当然のことながら味噌も醤油もない。幸い、酢だけはある。海岸に出てワカメを拾い集め、ワカメ・ワラビの和え物とした。

バンガローでの夕食は大変話が弾んだ。彼らには山菜はもちろんコンブ・ワカメ等を食する習慣は全くない。オッカナビックリ苦心の和え物を食べる様を見て皮肉を一つ。

「昔、ヴァイキングは何でも食べた。その後裔たるスウェーデン人が山菜やワカメ・コンブ等を食べなくなってから髪は次第に脱色し、白・栗・亜麻色となってしまった。背丈だけ高くヒョロヒョロしている者を日本ではウラナリとかモヤシと言うが、オレを見ろ！　足は短くズングリムックリ、この体型は柔道向きだ。オレは講道館柔道初段（彼らにとって柔道は憧れのスポーツ、彼らの中で一番強い者は5級。だから初段なんて雲の上の存在なはず）。髪も目も黒い。食生活の違いがこの差異を生んだのだ。山菜を食う習慣のないこの国にリンネやトウンバルイを頂点とする大植物学者が輩出したとは七不思議の一つだ！」「ドクトル・ジュンの説は科学的ではないが一理はある」と返答する奴がいる。皮肉のわからん生意気なヤツだ。

即席の和え物はおおむね好評、おかげで小生はせっかく発見した貴重品を食い損なってしまった。　（じ）

同人画誌「マーフェル」1993年7月号

専門書によればワラビ*Pteridium aquilinum* Kuhnは世界中に広く分布する2亜種12変種があるという。そのうち日本には1変種が全国の原野に自生する。

喜茂別町にて：ペン＋水彩 '12.7.15

コラム 17

［ドングリの背比べ］

外国語では知らないが「ドングリのせいくらべ」という表現が日本語にはある。どれもこれも似たようなもので、大したものではないこと（広辞苑＝背比べ・背競べ）とある。他の辞書たとえば大辞泉（背比べ・背較べ）では、どれもこれも平凡で特にすぐれて目立つものがないことのたとえとある。あれこれの辞書・辞典をとりあげてもまさに「ドングリの背比べ」の語義解釈のようだ。背競べ・背比べは「背丈くらべ」の意味だ。

「ドングリまなこ（団栗目）」という表現もある。ドングリのように丸くてくりくりした目、まん丸く大きく開いた目のこと、また、鈍そうで品のない目つきにもいうそうだ。

ドングリにとって大変はた迷惑なたとえだ、と思う。さらに言えば誤解や無理解あるいは自然に親しんでこなかった町方（都会っ子）の創作たとえではないのか。

田舎で自然いっぱいの野山で育った私どもは栗鼠に負けじといろんなドングリを集めて遊んだものだ。食糧にもした。トチノキ（橡・栃の木）の実もそうだったが親は水に晒しアク抜きをしてその粉を荒救食料として備え食料とした。子どもはその傍らでいろんなドングリ遊び（人形・笛作り）をした。

古来、人類はドングリを貴重品とし大切にしてきた。豊饒の神に感謝し、ドングリの生命を貰って生き延びてきた、その歴史を知れば、かかる侮蔑的かつ自然物に対する無理解なたとえなどできるわけがない。農耕品であるコメに対する礼節を知る日本人はなぜ自然に豊饒に実った「いわゆるドングリ」に対しかかる態度をとってきたのだろうか？　不思議なことである。

ドングリには様々な種類と大きさ・形のものがあるがいずれも似た者同士。その違いを大きいと見るか小と見るか。

（じ・さ）

ドングリの背比べ
1
2
3
4
5
6
7
8
9
10
11
12
13
2cm
J
2004/Nov.
1:カシワ 2:ミズナラ 3:クヌギ 4:コナラ 岩手盛岡にて
5:ウバメガシ 6:ナラガシワ 7:イチイガシ 8:アカガシ 9:アラカシ
10:シリブカガシ 11:マテバシイ 12:スダジイ 13:ツブラジイ

コラム 18

私のエッセー（アア！ 過ぎ去りし人生を想う）

自分の人生を振り返り「**アア！　己の人生とは何だったんだろうか**」、この感慨はどなたでもお持ちだろうと思う。それは未来を夢見た幼かりし頃・青年時代の裏返しかもしれない。

過ぎ去りし自分を顧み父母やファミリーとの懐かしくも哀しき過去を想う。それは民族や国境を越えた感慨。右も左もない。古今東西の違いもない、それが文学としてシェークスピアやワーズワースの文豪や桂冠詩人の言葉で表現されなくとも。ましてや紫式部・清少納言・鴨長明・芭蕉やはたまた啄木や多喜二、その文学的な言葉で語られなくとも。それ以上に感動に満ちた、素直な言葉で語れることは誰にでもできる！

できるとも！

私の人生は貧しい。だが次のようなことは考えた。

友人10人で「マーフェル会」なる描画の同好会を創った。主宰は止むを得ず私となったがその同好会画誌の巻頭に以下のエッセーを寄稿したいむねを予告しておいた。人生の終焉までにどの程度の事項を完結できるものか楽しみでもある。すなわち、

★北上夜曲
★防空壕とアケビ
☆クリスマスのローソク
☆コンピューターと絵
☆酪農とエーデルヴァイス
☆アルプスに遊ぶ
☆万葉に遊ぶ
★音と色
★光と影
☆炎の科学
☆花はなぜ一斉に花開く？
☆花にはなぜ色がある？
☆花と落語
★一本の線と製図道具
★兄と三重塔

★七つ沼カールのお花畑
☆春山紀行
☆夏山紀行
☆秋山紀行
★藻岩山遭難記（息子たちとの絆）
★色のない色の話（赤の編＝因幡の素《しろ》うさぎ）
★色のない色の話（青・黄の編）

☆ガーネットに永遠のブラウン運動を見た！
☆宝石の色はなぜカラフルか？
★スウェーデン語とジュゲムジュゲム
☆ドイツ語と瘤取り爺さん
★「ニルスの不思議な旅」を辿って（北極圏の夏山遭難記）
★あ、我が古き街アルト・ハイデルベルグ
☆バーナードショウとマリリンモンロー

ニワトリ：ネコ・イヌ・ロバの旅
（ブレーメンにて。水彩 '90）

☆「家」「屋」「者」を称する人種には警戒しろ！
☆地質学者・数学者・物理学者
☆雑音と純音・混色と純色
☆朝顔はなぜ「左巻き」
☆萱葺き屋根はなぜ雨漏りせぬ？
☆右と左（モナ・リザは美人か？）
★自然にみる幾何学（向日葵の花の面白さ）
★トポロジーと形（円と三角は同じ形―コーヒーカップと栓抜も同じ形！）
☆ちょっと危ない話（少しHだけれど案外真面目な話）
☆北欧のオーロラ
★白夜の丑満時、二重の虹を見た！
★V・ヴァン・ゴッホ美術館に佇む
★ライン河畔ワイン飲み歩き
★ローレライの偽アカシア
☆一年三百六十五日はウソ！
☆地球はなぜまるい？
★ハレー彗星とタピストリ
☆宇宙での受精
☆亜麻色の髪の乙女
★ムックリとユーカラ
☆ウバユリと昼弁当
★節分と柊
★竹の実と飢饉
☆モンステーラ酒と講義
☆麦秋色と枯れ葉色
☆親子の別離と融合
☆飢えと植物知識
★フルティン教授のこと（植物を求め日本へ）
☆医食同源
☆最後の言葉
☆デカルトとダリ
☆夜景とその幻想
☆夜の薄野を描いてみたい？
☆紫斑病と町医者
★パパとママ（発生学的考察＝方言は宝の山）
☆絵描きと岩（大久保一良画伯の想い出）
☆坂本君と絵
☆田舎とスッポンポン泳ぎ
☆遠野郷と民話
☆雪融け山と民話
★金色堂と蝦夷地
★賢治を求め光太郎荘を訪ねる

以上、72編

（じ）

1993年2月　同人画誌「マーフェル」1号
★2012年までに発表済みのエッセー

コラム 19

「一生一木一作一持」

記念樹といって何かの記念に植樹する習慣がある。

子どもが生まれた時、結婚した時、家を新築した時……。

その動機は様々であろうが人生の特記すべきことを記念し、将来ともに忘れてはならぬ「証し」として植樹するのであろう。

「証し」としての意味だけならば耐久性からみても「石碑」の方がはるかに優れているのに、なぜ「木」なのだろうか？

石墓は庶民の小さなものから大はピラミットにいたるまで、現在を永遠に留め置きたいとの願望の「証し」だという説もあるが、私に言わせれば石墓や石像・銅像などの類はあまりにも無機的で、しかも製作側の俗物性が露骨に露われ、決して好ましい「証し」には見えない。

私の故郷では生まれた子が娘であれば桐を一本植える習慣があった。

だから桐の木のある家にはその本数だけ娘がいた。しかも「花子」桐とか「おしん」桐とか固有名詞が付いていた。

不幸にして夭折すれば切り倒し、その小枝を棺に入れた。

桐は生長が早く、20年も経てば大木となる。

嫁入りの時、親はそれでタンスを作り娘に持たせた。どの家でも見られた、庶民の輿入れ風景であった。いいとこ(良家)の娘は十三弦も作って貰った。

腕の良い建具師は桐の木1本できっちり、タンス1棹を仕上げた。

桐は「切り」に通じ「親との縁切り、二度と生家に戻るな」と愛娘に言い聞かせた。娘に不退転の臍《ほぞ》を固めさせ幸多かれとの願いをこめて両親は婚礼の翌朝、「ひこばえ」が芽生えぬように木の根を掘り起こして灰にし、大地に戻した。

「生き桐木との縁切り」である。

彼女が天寿を全うした時、遺児は遺品のタンスで棺を作り、母親との別れとした。

「子との縁切り」である。

折り合いが悪く、不幸にして婚家を追い出される時にはタンスを置いて家を出た。

「婚家・夫との縁切り」である。

再婚するにしても親は2度とタンスを創らなかった。彼女にはすでに「生き桐木」はない。

彼女は「三界に家なし」の現実に晒されながらも、桐を通じ、両親の深い深い愛情を知る一生であった。

私の生家にも一本あった。「静子」桐、実妹の桐。残念ながら終戦の年の3月10日の大空襲で燃え尽きてしまった。六歳桐。根まで熱火が回ったのだろうか、期待した「ひこばえ」は遂に萌え出なかった。

若木ではあったがそれまでは毎年5月、筒状、薄紫色の小花を叢生させた。黄土色の、粉をまぶした様の蕾芽は悪童共の遊び道具（パチンコ）の弾には手頃の大きさで、これで撃たれると飛び上るほど痛かった。

一生一木、男児にはそのような習慣はなかった。

固有名詞入りの、自分だけの木があったら、どんなに良いことだろう。それは自分の人生観にも影響を与えずにはおかないだろう。生まれた時から、時代を共に生き、喜怒哀楽を共有した木がこの世にあると想像しただけでも、人生に対する不安はいささかでも減ることだろう。私は孤独ではない、あの木だけは知ってくれる、と思うだろう。

それは石やコンクリート、鉄や銅ではいけない。やはり木でなければ連帯感は生まれて来ない。1年草や越年草は論外として、もう少し寿命の長い生物、例えば犬や猫、牛や馬でもいけない。飼うのに手間暇もかかるしお金も必要だ。実利を生むとなれば売り飛ばしかねない。動物はあまりにも人間に馴れ親しみ過ぎるし、何よりも人間よりも寿命が短い、ペットの死に立ち会わねばならない羽目となる。そして2度とそのペット種は飼うまいと思うだろう。

その点、樹木はいい。手間もお金もかからないし、投機の対象にもならない。四季おりおりの風情を見せてくれるのはペットの比ではない。花を飾り、実とキノコを与え、酸素とオゾンを創り抜群の生命環境を生み出し、自らも成長・繁茂する。

良いことばかりではないか。

私が一番気に入っているのは、テコでも動かないことだ。生まれ育った所に一生涯居座り続ける。隣に嫌な奴がいても逃げも隠れもせずしっかりと大地に根を張り、葉を茂らし共存共栄を図っている。私は勉学のため、就職のためどこか遠くに行く、恋もし見知らぬ土地でアパート暮らしをするかもしれない。地球の裏側で生活することだってありうるだろう。運命共同体である「自分の木」は連れ合い殿の心変わりに腹を立て家出する訳でもない。じっと私の帰りを待つ。無頼放蕩息子を生家で待つ老母の心境にも似ている。

私にとって「自分の木」の居場所は文字通り、座標軸の原点だ。会いたくなったら原点に戻ればいい。

お帰りなさい。ヤア、元気だったかい？　少し、お髪が白くなりましたネ！　ウン、苦労したからネ。ところでお前もつつがなかったかい？　お蔭様で……。

他愛無い会話を交わしながらも孤独・不安をぬぐい取ってくれる木、虚飾で武装した身体から衣類を脱がせ、静寂の時を過ごさせてくれる「自分の木」、他人には伺い知ることの出来ない木との交流。

そんな「自分の分身の木」があってもいい、と思う。

さらに嬉しいのは私より寿命が長いことだ。同じ年齢なのに、今を盛りと繁茂し、私よりずっと長生きをするだろう。よほどの生育環境の悪化がない限り、数百年は生き続けるだろう。確かな年輪を重ねつつ将来を見続けるだろう。自分の死を看取ってくれるモノがある、これ程安寧なことがまたとあるだろうか。それは安らぎと言ってもいい。

骨を根っこに埋めて貰えれば言うことはない。最期まで世話のなりっぱなし。

私はそのような「頼りになる」一生一木一作一持の木を持っていない。残念なことだ。

仮に持っていたにしても、樹齢数10年の木は……、いま会いに行くのはとてもコワイ気もする……。

（渡辺　順　1993年11月18日）

同人画誌「マーフェル」No.12、58ページ

［桐の花］

1984年の春、北海道教育大学岩見沢校の1年から4年までの学生のべ30人を岩手県南部の北上山地の地質学見学旅行に引率した時があります。

フェミニスト（?）の小生としては女子学生が半数いることでもあるし、また、2、3年後にはその大半は教師になることでもあるので、その教育効果も期待し、エラク張りきったことを覚えています。

本番に備え、その地は生まれ故郷としてわが庭の如く、その勝手知ったる所わが遊び場の如く幼少時から慣れ親しんだ所でしたが、それでも万に一つも現地でのミスガイドは赦されぬ故、専門知識の再学習は言うに及ばずバスの発着時間から、宿代の値切り、市町村役場との事前折衝まで、ずいぶん手間暇のかかった2週間の事前調査を行ったのです。

それから札幌にとんぼ返りして彼等を現地まで引率。

それからの、1週間に及ぶ見学旅行は私にとっては大変ハードなものでしたが、彼等が様々な化石、例えば四億三千万年前に生息したサンゴ化石とか一億二千万年前のアンモナイトなどを見つけては歓声をあげるのを聞き、連れてきて良かったとつくづく思ったものでした。

なだらかな山並みに霞む北上山脈はちょうど梅の花や桐の花の時期でした。

春ニレ(幹)
(イメージ)
古河講堂
文系学部
北大ローン
(理学部)
2013/Jan/21
J
(鉛筆：HB+2B+4B+9B, 茶墨)

民話の宝庫＝遠野郷はすぐ近くでした。

柳田国男の「遠野物語」の民話をいくつか紹介もしました。「遠く望めば桐の花の咲き満ちたる山あり。あたかも紫の雲のたなびけるがごとし。……」はその一節です。

「桐の木」ってどれですか？

無理もありません。北海道にはないのですから。

農家の庭先に桐の木が3本植えてありました。桐の花が見事でした。きちんと説明した後で、「この家には年頃の娘さんが3人いると思うよ。それもほとんど年子《としご》！」と付け加えました。

年頃の女子学生達は「どうしてそんな事言えるんですか？」と不思議がりました。

留守番のおばあちゃんが縁側に見えました。1人の学生が確認に走りました。やっぱりそうでした。

おばあちゃんがお茶と漬物でもてなしてくれました（この郷の人達は一口でも口をきいたら、見知らぬ人でももう客人として扱うのです）。30人の学生は何杯も漬物をお代わりしました。

おばあちゃんの話にはひどく訛りがあって道産子には良く理解できません。ですから通訳は私です。おばあちゃんの「桐の木」の話は私が母から聞いていた伝聞とは少しばかり異なっていました。盛岡と遠野とでは百㎞ばかり離れていますから、伝聞が少しずつ違うのは当然でしょう。

おばあちゃんに続いて私も母からの伝聞を紹介しました。それを骨子に多少加筆したのが既述の「一生一木一作一持」です。

午後の陽射しも大分傾きかけてきた頃、野良着姿の、とても健康そうな3姉妹が畑から帰って来ました。連続した年子ではありませんでしたが、長女23歳→次女22歳→三女20歳の姉妹でした。

旅行が終わって学生たちはレポートを提出してきました。それには本業の地質学のことはあまり書いていなく、紙面の大部分をおばあちゃんの話や姉妹とも交流できたこと、旅先で聞いた「遠野物語」の民話などを印象深く綴っているのでした。そしておばあちゃんを始め旅先でお世話になった人々へ御礼状を出したこともチャッカリ付け加えているのでした。

［余白］

桐を図案化し紋章や家紋に使う家系がある。花の数で七五桐、五三桐とか藤桐、また図案化の方法から太閤桐、嵯峨桐などいろいろなタイプがある。古来、「高貴なもの」として支配階級に好まれてきた。古代中国では王の象徴であった鳳凰が「梧桐に宿り竹の実を食う」と言われたことから鳳凰とキリ、タケを結び付けた。枕草子でも「桐は唐土では鳳凰が住む木」の記述があるから、当時すでにこの組み合わせは常識となっていたものだろう。秀吉が桐紋を特に好み（太閤桐）権勢を誇示した。天皇家も桐を紋章として菊の花とともに国民に強要している。

ところが中国で鳳凰が住むとしていた梧桐はアオギリ科のアオギリのこと。日本の支配層がこれを真似た日本の桐はゴマノハグサ科。つまり中国から日本にとりいれた「桐と鳳凰」の知識はとんだ誤解、言うなれば猿のモノ真似。

桐は「木里」と言われ古くから日本各地で栽培されていた。本州の中部以南では天狗《てんぐ》巣《す》病被害が出るが東北地方、北関東地方、新潟県が主産地。岩手県の南部桐と福島県の会津桐は良質材で名高い。南部桐は岩手県の郷土の花に選ばれている。

支配層の不当な思惑とは全く異質なものとして庶民に伝聞されてきた「桐と娘」の話（一生一木一作一持）は凶作大飢饉の時、愛娘を身売りせざるをえなかった両親の懺悔・痛恨の思いを弱者（女性）に重ね合わせた「せめてもの思いやり」と受け止めたい。

彼等彼女等は卒業してからもはや30年になります。今や50代のベテラン教師として本分を全うしていることでしょう。

２０１１年3月11日の東北大震災の報を聞く想いはいかばかりであったか。

陸前高田市を始め沿岸の市町村も壊滅的な被害を受け、名勝「高田の松原」の7万本の松並木も多くの人々とともに失われました。ジュラ紀の稀有種アンモナイト（ペリスフィンクテス）を採集した気仙沼市湾内の大島も「鳴り砂の浜」とともに壊滅的な被害を受けました。

彼等彼女等も北海道の僻地校で走馬灯の如く当時を想起し鎮魂の涙を流していることでしょう。

２０１３年正月　（じ）

あとがき

あとがき

幸子の闘病生活は本人にとってはもちろんのこと家族にとっても程良い刺激を与えるものでした。身障者を廻る社会環境や福祉体制の在り方・家庭環境の現状やあるべき姿などをある時は残酷なほど鋭く、他の時はやんわりと喜怒哀楽を綯い交ぜにした複雑な味わいを私たちに与えてくれました。誰に向けて心情を吐露できるのかままならぬ毎日、それは闘いでありある意味では安らぎでもあり、そして本人にとっては社会復帰の希望を少しでも期待し模索する毎日の連続であったと思います。

そんな暗中模索の中で、友人・同級生・知人を始め看護師さんやヘルパーさん・ケアマネジャーのみなさんからの心温まる助言や励ましのお手紙・電話・プレゼントなどありがたくお受けしました。どれほどの励みになったことか言い表すことが出来ません。心からお礼申し上げます。

本人は身体的障害に加え、運動不足などからくる脳力（脳に働く力）も衰えてきました。いわゆる認知症で、介護度3と評定されています。私は「認知症という言葉」は大嫌いで法律用語（2004年厚労省による行政用語）だそうですが、そこには「人間味」を欠いた非情さを嗅ぎ取ります。「後期高齢者」なる行政用語も同様です。長寿者を敬い大切にする古来の美徳を意識的に排除し長生きすることは悪いことだとする「姥捨て山的風潮」を助長する用語であり、「年金の在り方」「健全化」を希求する国民の意識を行政主導で転換させようとする官僚・政治家の思惑でありましょう。長生きすることは悪いことか？　恐ろしい思想です。一昔の言葉「呆け・惚け」でなぜいけないのか？

加齢による「呆け・惚け」は誰にでもあることです。有吉佐和子の「恍惚の人」を引用するまでもなく「恍」は心が光輝く意、「惚」は心が心となること、人に惚れ込むことです。生物は種族を問わず加齢に伴う相応の状態に至るのは自然の理に適っていること、適時適所と言うべきでしょう。青壮時代の活力充実の時期を過ぎ円熟円満の耳順・古希・米寿・白寿に達することを「善とせず悪とする」思想を現役世代に洗脳させる思惑が根底にありそれを推進する政治・官僚主導の年金・福祉社会の充実回避志向が見え隠れします。

加齢による脳力・能力の衰えは環境変化に対する「生存するための防御システム」です。老人が「生きていくため」の手段です、現代に氾濫する雑多な情報を取捨選択し、要らざるものは捨て去り生物として必要な基本的な本能による生活手段(衣食住)を確保し、それ以外の余分の繁雑で雑多多岐な情報源を断ち切る。この意志の表現が「ボケ」の本質なのであり、この点が乳幼児のそれとは異なる老人独特の環境です、一個体が自己を保存維持する唯一の方法です。若年層や政治家・官僚機構はこれを理解できなくては高齢化社会・福祉化社会に正常に向き合うことはできません。「年寄りは大切に! 敬愛しよう年寄りを!」

いろいろなことを考えながら幸子と生活を共にしてきました。今までの私には想像も出来なかった、あるいは予期もしていなかった状況でした。わがままで自分本位のスケジュールで過ごした私の研究生活は公私にわたり様々な意味で幸子に負担・圧力をかけていたのだという自省の想いを募らせました。経済的にも心理的にも……

私の3度にわたるガン手術(大腸・胆嚢・ベーチェット病)も余命2年と予告されながら克服し得たのも幸子の励ましと援助によるものでした。今そのことに感謝しつつ幸子の看護に微力を尽くしていきたいと思っています。

55年前(1956年)に山(岩手県早池峰山)から送りつけた一通の植物のしおり(ハヤチネウスユキソウ)は今それを見ると古色蒼然となってしまっ

たラブレターですが（69ページ参照）、そのツケがいま回ってきたのだと考えることにしています。

この私家版「花だより」は未完成です。しかし、彼女の口述を文字にした合作です。彼女のプログラムでは181種を記述した春夏秋冬の花だよりであるはずでしたが現実には私の不在もあって花期・結実期を逃し、思惑通りには程遠いものとなってしまいました。結局、110種＋コラム19編の129種となり総計で207画葉（他に写真・引用図10葉）となってしまいました。彼女の意図した植物種は多岐にわたりますが、いずれもどこにでもあるありきたりの植物で少し注意すれば身の回り・家の周辺にごくポピュラーに観察できるものばかりです。それをすべて完成させることが出来なかったのは私の怠慢以外の何物でもなく残念です。機会があればいずれ完成させたいと思います。

小著を上梓するにあたっては多くの友人・知人からの心温まる助言と励ましをいただきました。

なかんずく中陣隆夫さん（東海大学図書出版会・元編集長・現在丸源書店主）には専門的かつきわめて適切有益な助言と知見を賜わりました。

また、粗雑な原稿を整理・編集・発行の労をとられた（株）アイワード・（株）共同文化社の佐藤良二さん・田中　徹さん・遠山奈央さん・岡　明子さん・三國春仁さん・長江ひろみさん・進藤　学さん、およびスタッフの方々には大変なご苦労をおかけしました。

これらの方々の献身的なご協力がなければ、この「花だより」は日の目を見ることはなかったことでしょう。

心からお礼申し上げます。

2013年6月28日　渡邉幸子・順

参考文献

朝日百科『世界の植物』1～13―朝日新聞社，1978

朝日百科(週刊)『植物の世界』Nos.1～144―朝日新聞社，1994～1997

井沢一男:『薬草カラー図鑑1～3』―主婦の友社(東京)，246p.，1990

大場達之ほか:『野の花1～3』―山と渓谷社，1(155p.)，2(155p.)，3(155p.)，1982～1983

刈米達夫ほか監修:『廣川薬用植物大事典』―廣川書店(東京)，468p.，1973

佐竹義輔ほか監修:『山野草たちの歳時記』―講談社，319p.，1987

鮫島惇一郎:『北の森の植物たち』―朝日新聞社，300p.，1991

清水大典:『山菜全科』―家の光協会(東京)，358p.，1977

谷口弘一ほか編:『北海道の植物―野の花(上・下)』―北海道新聞社，319p.，331p.，1988

沼田　真監修:『日本山野草:樹木生態図鑑』―全国農村教育協会(東京)，664p.，1990

牧野富太郎:『原色日本高山植物図譜』―誠文堂新光社(東京)，図版92p., 解説139p., 1953

牧野富太郎:『原色牧野植物大図鑑』―北隆館(東京)，906p.，1986

牧野富太郎:『原色牧野植物大図鑑続編』―北隆館(東京)，538p.，1987

牧野富太郎:『植物知識』―講談社学術文庫，122p.，1994

『山渓ポケット図鑑』―山と渓谷社(東京)，春の花(767p.)，夏の花(767p.)，秋の花(767p.)，1994～1995

同人画誌(主宰渡邉　順):『マーフェル』―私蔵版，Nos.1～14，202p.，1993～1994

渡邉　順・渡邉幸子:『旅は道連れ世は情け』―Viduravi Prints(Colombo)，558p.，2010

この木なんの木、気になる木…… （スリランカ国ペラデーニア公園）
1本の大バンヤンジュ（この木なんの木気になる木……とCMされたハワイ産のものと同じ仲間（Giant Java Willow Tree 学名は Ficus Benjamina)。いかに大きいか、芝生の上の人と比べられよ。横幅およそ100m、樹影範囲は7～8,000㎡、およそ2エーカー弱の拡がりをもっている。1861年にマレーシアから移植された。（ペン+水彩）

著者略歴

渡邉幸子

1933年札幌市生まれ。1958年、北海道大学理学部地質学鉱物学科卒業。
以降北海道内の高等学校・中学校で理科教育に専念。1994年定年退職、
その間、米国・南欧・中欧・西欧・アフリカ諸国・ロシア・中国など数十ヶ国を調査旅行し、
地質学や生物(植物学)の見聞を広めた。エッセイストとしても多忙。趣味は野生植物の観察、植物学全般、
特に山菜や菌類(きのこ)の知識は玄人肌。アイヌ民族と深く交流し、
民族楽器「ムックリ」や三弦楽器「トンコリ」演奏の巧者。同時に西洋古楽器「リコーダ」演奏も巧み。
2008年以降、人造膝関節置換手術・心不全(心房粗動・心房細動)疾患によって二度の心臓手術、
ペースメーカー設置によって歩行困難状態に陥る。入退院を繰り返し、現在、リハビリ中。
著書(順との共著)に『旅は道連れ世は情け』(Viduravi, Colombo, 2010)

渡邉　順

1934年盛岡市生まれ。1957年、北海道大学理学部地質学鉱物学科卒業、
1962年、同大学院博士課程修了、理学博士。以後同学科で研究専念。
専攻は地質学・岩石学・金属鉱床学。1998年同大学定年退職。
その間、北欧・南欧・中欧・西欧・東欧諸国・アフリカ諸国・ロシア・中国・韓国など数十ヶ国を調査旅行。
趣味は描画と各種の楽器(V, C, F)をいじること。
著書(編共著)
"Geologic Development of the Japanese Islands" (Tsukiji Shokan, 1965)
"Variscan Geohistory of Northern Japan-The Abean Orogeny" (Tokai Univ. Press, 1979)
『ヴァリスカン造山運動―日本と中部欧州』(共立出版社、1981)
『阿武隈・北上山地の地質構造発達史』(アルファビジネス社、1999)
『ここに立つ―舟橋三男先生追悼文集』(アルファビジネス社、2000)
『舟橋三男先生論文撰集―付解説―』(アルファビジネス社、2003)
渡邉　順・幸子著『旅は道連れ世は情け』(Viduravi, Colombo, 2010)

夏のスカンディナビア連峰（主峰Mt. Kebnekaise 2117m：遠方の中央峰）
融け出した山岳氷河の末端部の湿原地帯にドリアス植物群が真っ先に出現する
（'73 8.15）

［私家版］
花だより

2013年7月13日　第1刷発行
著者———渡邉幸子・渡邉　順
出版者———渡邉　順
〒005-0832 札幌市南区北ノ沢4－1－18
TEL・FAX 011－571－2046
ブックデザイン——佐藤良二・田中徹・遠山奈央・岡明子・三国春仁・長江ひろみ・進藤学
発行所———株式会社 共同文化社
〒060-0033 札幌市中央区北3条東5丁目
TEL 011－251－8078　FAX 011－232－8228
http://kyodo-bunkasha.net/
印刷・製本 — 株式会社 アイワード

ISBN978-4-87739-240-6　C0071